山东省高等学校科研计划项目“食品安全危机网络舆情演化与预警研究”（J16YF04）成果

德州学院人文社会科学研究项目“社交媒体环境下公众参与食品安全风险治理研究”（2016skrc03）成果

德州学院学术著作出版基金资助项目

食品安全危机信息在社交媒体中的传播研究

Shipin Anquan Weiji Xinxi Zai Sh[illegible] Zhongde

Chuanbo Yanjiu

韩大平 著

中国社会科学出版社

图书在版编目（CIP）数据

食品安全危机信息在社交媒体中的传播研究/韩大平著．—北京：中国社会科学出版社，2018.6

ISBN 978-7-5203-2638-4

Ⅰ.①食… Ⅱ.①韩… Ⅲ.①食品安全—突发事件—互联网络—舆论—研究—中国 Ⅳ.①TS201.6②G219.2

中国版本图书馆 CIP 数据核字（2018）第 124970 号

出 版 人　赵剑英
责任编辑　刘晓红
责任校对　周晓东
责任印制　戴　宽

出　　版　中国社会科学出版社
社　　址　北京鼓楼西大街甲 158 号
邮　　编　100720
网　　址　http：//www.csspw.cn
发 行 部　010-84083685
门 市 部　010-84029450
经　　销　新华书店及其他书店

印　　刷　北京明恒达印务有限公司
装　　订　廊坊市广阳区广增装订厂
版　　次　2018 年 6 月第 1 版
印　　次　2018 年 6 月第 1 次印刷

开　　本　710×1000　1/16
印　　张　12.25
插　　页　2
字　　数　169 千字
定　　价　48.00 元

前　言

过去几年，我国食品安全问题频发，“福喜问题肉事件”“地沟油事件”“瘦肉精事件”等被公开曝光，生产和销售伪劣、有毒有害食品的安全事件层出不穷，对社会大众造成了严重的影响，不断打击着消费者对我国食品安全的信心。新浪新闻中心2011—2014年连续发布的消费者食品安全信心报告显示，超过90%的受访者认为，中国食品安全存在问题，85%以上的人对此表示“关注”，食品安全问题已经成为大众最关注的焦点问题之一。当食品安全事件发生后，危机发生的原因、发展态势、涉事企业的反应和政府部门的态度也成为消费者最为关心的问题之一，而社交媒体中的信息通过发布、转发、评论等方式，沿着用户关系实时传播和演进，其信息传播呈现裂变式扩散，在曝光食品安全危机信息方面发挥着不可替代的作用，已经成为重要的新闻源头，社交媒体增加了大众对食品安全危机事件参与的积极性和可能性。为了丰富社交媒体信息传播理论成果，更好地解决食品安全问题，本书对食品安全危机信息在社交媒体中的传播进行了探索性的研究。

本书共分为五部分，主要内容总结归纳如下：

第一部分是绪论和相关理论基础（第一章和第二章），主要是对食品安全危机的相关理论和研究进行梳理。首先对相关文献进行梳理，介绍了食品安全危机信息在社交媒体中传播的相关概念和理论基础，并从食品安全、公共治理、危机信息在社交媒体中的传播几个方面对国内外的研究成果进行综述，发现国内外学者对危机信息传播的相关研究主要集中在政府、企业对危机的应对、危机传播的各阶段特点、媒体在危机传播中的作用等方面，对食品安全危机信息在社交媒体中传播的研究较少，有关利用公共治理理论解决食品安全问题的研究基本上都是围绕目前食品安全监管存在的不足，引入公共治理的必然性和消费者、食品企业、政府三方合作的食品安全治理模式和机制方面的研究，实证研究尤其是对大众通过社交媒体参与食品安全治理方面的研究很少，基于此，提出本书的主要研究内容：食品安全危机信息在社交媒体中的传播规律和机制、传播速度、传播对各主体的影响、食品安全危机管理体系构建。

第二部分主要对社交媒体中信息传播内容和传播特征进行分析（第三章）。通过分析发现，以微博、微信为代表的社交媒体已经颠覆了以往的信息传播模式，在信息传播和社会热点事件发酵方面起到了举足轻重的作用。

第三部分是实证分析（第四章和第五章）。本部分选取“地沟油事件”等九个典型食品安全危机事件信息在新浪微博中传播的实际数据，建立食品安全危机信息传播网络。探讨食品安全危机信息传播的内在规律和演化规律，对食品安全危机信息社交媒体中传播模式进行模拟，结合社交媒体信息传播的特点对食品安全危机信息传播阶段进行划分，并总结了各阶段特征。接着，以新浪、腾讯、搜狐和网易 4 个微博平台上的实际数据，对典型食品安全危机事件信息的传播速度进行建模，建立了短期、长期信息传播速度模型，并对比了不同预测模型的可行性和预测结果的精确性。

第四部分是对策建议（第六章至第八章）。基于以上研究结论，本部分提出了食品安全危机信息在社交媒体中的传播对消费者、政府监管部门、食品企业、经销商几个方面的影响，通过实证研究验证了大众在社交媒体中食品安全危机信息传播的作用，将公众纳入到食品安全问题解决的过程中，丰富了公共治理理论的研究成果。最后从如何提高大众的食品安全意识，更好地发挥监督作用、充分发挥媒体认证用户的作用、促进政府履行监管职责、食品产业组织引导诚信建设和食品企业提升社会责任等方面提出更好地解决食品安全问题的对策和措施，为社交媒体平台上食品安全类舆情的监测、预警和食品安全危机管理体系构建提供依据。

第五部分是进一步的研究。在以往研究的基础上，对比了典型食品安全事件的全网信息，2016—2017 年典型食品安全事件与以往事件的传播特点和规律，总结网络舆情演化特点及发展趋势，并提出对策建议。

本书的创新点主要体现在以下几个方面：

（1）揭示了食品安全危机信息在社交媒体中的传播规律和传播网络结构特征，对危机信息传播阶段进行了重新划分。本书选取“福喜问题肉事件”等九个典型食品安全危机事件信息在新浪微博中传播的实际数据，对食品安全危机事件信息的传播路径进行模拟，建立食品安全危机信息传播网络。探讨食品安全危机信息传播的内在规律，结合社交媒体危机信息传播的特点，对危机发生后信息传播阶段进行划分，并讨论了各阶段特征。

（2）通过实证检验验证了公众在参与食品安全治理中的作用，丰富了公共治理理论的研究成果。公共治理发展到网络时代，社交媒体等新媒体的传播优势和传播影响力可以扩大公众参与渠道，吸引公众更多地参与公共事务，而食品安全近几年成为公众最关心的焦点问题，因此引导大众利用社交媒体积极参与食品安全问题的曝光和食品安全隐患的揭发，必然会给食品生产企业、经销商和政府监管部门带来压力，这对于食品安全治理有非常重要的意义。本书通过典型食品安全事件信息传播情况进行实证分析结果表明，近几年的食品安全事件大都是由消费者曝光的，食品安全危机信息在社交媒体发布后，短时间内就呈爆炸式扩散，并且扩散的过程是由大量的普通用户推动的，研究结果验证了大众在社交媒体中食品安全危机信息传播的作用，将公众纳入食品安全问题解决的过程中，丰富了公共治理理论的研究成果。

（3）定量研究了食品安全危机信息在社交媒体中的传播过程。本书以微博平台上的实际数据，对九个典型食品安全危机信息的传播速度进行建模，建立了短期、长期信息传播速度模型，结果表明从短期来看食品安全危机曝光微博发出后评论数和转发数呈现高度相关，24 小时内的传播速度服从高斯函数，运用 ARMA 模型和 BP 神经网络方法进行长期趋势预测，对通过实际数据和两种方法的预测数据进行对比来验证模型的精确性和适用性，发现从长期预测效果看，BP 神经网络预测值要比 ARMA 预测值更精确，但是，短期内 ARMA 预测结果稳定性要优于 BP 神经网络预测。

目　　录

第一章　绪论

第一节　研究背景与意义

一　研究背景

食品是人类维持生命与健康的必需品，是人类进行一切社会活动的物质基础。食品安全问题不仅影响到人民群众的身体健康和生命安全，而且对经济发展和社会稳定也有着巨大的影响。近年来，随着食品种类的不断增多，科技的迅速发展，生活水平的改善，大众对生活质量要求也在不断提高，但是，“三鹿奶粉事件”“福喜问题肉”“地沟油事件”“毒胶囊”“瘦肉精事件”“染色馒头”“费列罗质量门”“毒豆芽”等食品安全事件频繁发生，各种食源性疾病充斥着人们的生活，添加有毒有害物质、生产和销售假冒伪劣等不合格食品的信息不断被揭露。随着信息传递的日益便捷和网络不断介入食品安全领域，被曝光的食品安全事件呈现出越来越多的趋势，食品安全问题层出不穷，体现了现阶段我国食品安全监管的不足，也对消费者的心理和购买行为产生了影响。食品安全问题和风险得不到解决和防范，大众的身心健康得不到保障，严重时可能会扰乱社会秩序，造成社会福利和生产效率的降低。根据《小康》调查结果，食品安全问题已经成为2011—2014 年连续三年我国最受关注的焦点问题，食品安全已经受到包括我国在内的世界各国的高度关注，世界卫生组织 2015 年将世界卫生日的主题定为“食品安全”，倡导在食品整个产业链各个领域采取行动，共同促进食品安全。食品安全事件发生后，食品安全危机信息通过电视、报纸、广播、书籍、面对面、网络等多种渠道传播，网络技术的发展使网络成为目前影响范围最广、传播速度最快、大众最信赖的信息传播平台，根据互联网中心发布的报告，2014 年网民规模比 2013 年增加了 3117 万人，网民平均上网时长也比 2013 年增加了 1.1 小时，互联网发展重心从“广泛”转向“深入”，互联网对网民生活全方位渗透程度进一步增加。随着网络用户的逐年增长，大众获取社会热点信息咨询的平台和工具已经转变为网络。截止到 2014 年 12 月，我国微博注册账号 13 亿，微信用户 6 亿，微博、微信、人人网等社交媒体已经成为公众信息交流、观点传递的最重要的工具。最近几年的重大食品安全问题大部分是由消费者通过网络媒体曝光的，在社交媒体中，每一个用户都是监督者，应该充分发挥其公众协同监督的作用，使不安全食品无所遁形。同时社交媒体由于其使用门槛低、信息获取便捷、传播速度、广度和深度方面的影响力等优势吸引了越来越多的用户参与食品安全相关信息的关注和传播，食品安全相关信息在社交媒体中的快速传播，加大了消费者对食品安全的宣传力度和防范意识，可以促进监管部门及时采取措施解决食品安全问题，约束食品企业合法合规生产经营，对食品安全问题的解决起到了监管的作用。

基于此，本书运用复杂网络、管理学、公共治理、传播学等相关学科的理论和研究方法，对于食品安全危机信息在社交媒体中的传播进行研究，采用案例分析、社会网络分析、实证分析等方法对社交媒体中信息的传播规律和传播机制进行系统性研究。

二　研究意义

本书通过分析典型食品安全危机信息在社交媒体中的传播变化趋势，发现食品安全危机信息传播的内在特质和规律，并对传播网络空间结构、短期和长期传播速度进行实证分析，食品安全危机信息在社交媒体中的传播对消费者、政府监管部门、食品企业、经销商等各方的影响，并根据实证研究结论提出食品安全危机管理体系构建的对策和措施。通过本书研究的成果，食品监管部门可以了解食品安全危机信息传播规律，为进一步研究网络舆论传播提供理论基础。同时，可以通过社交媒体引导大众积极参与食品安全问题的曝光和信息的传播，引导大众参与食品安全治理，对大众通过社交媒体等平台反馈、举报的食品生产领域的各种违法行为进行严厉打击，对在监管过程中的不作为等行为进行责任追究和严肃查处，对食品安全事件进行有效防控。对于食品企业而言，时刻应该注重企业的生产经营合法合规和食品质量安全，当行业或者国家相关的标准变化后企业生产要及时调整，平时通过社交媒体和消费者进行沟通，当发生本企业虚假的食品危机时应采取适当方式进行澄清或者声明，减少不必要损失的发生，危机发生后可以迅速做出回应，找出安全隐患进行改进。对消费者而言，通过积极利用各种社交媒体工具对产品进行评论或指出问题，增加信息的透明度，食品企业为了获得用户的信赖必然会采取措施提升产品品质。产品质量不达标的企业或者厂商会进一步被曝光或举报，食品问题的揭露和曝光会促进食品企业提升产品质量，为食品安全治理提供新的途径。

第二节　研究目的与主要内容

一　研究目的

食品安全危机事件由于和每个消费者的生命健康息息相关而成为公众最为关注的信息之一，而社交媒体中的信息通过发布、转发、评论等方式，沿着用户关系实时传播和演进，其信息传播呈现裂变式扩散，社交媒体目前已经成为重要的新闻源头。当食品安全危机事件发生后，危机发生的原因、发展态势、主管部门的态度等相关的大量信息在社交媒体中迅速传播，另外还有不同渠道产生的谣言信息。社交媒体提高了大众对食品安全危机事件参与的积极性和可能性，社交媒体在曝光食品安全危机信息方面发挥着不可替代的作用，如何提高大众的食品安全意识，更好地发挥社交媒体对食品安全的监管作用，促进监管部门及时采取有效措施，提升食品企业社会责任，使食品安全问题得到解决、丰富社交媒体信息传播理论成果、为社交媒体平台上食品安全类舆情的监测和预警以及食品安全危机管理体系构建提供依据是本书的主要研究目的。

二　研究的主要内容

本书共分为九章，主要内容如下：

第一章绪论，首先分析了研究背景和意义，提出本书的研究问题，接着介绍了研究目的和主要研究内容、研究方法和研究路线、研究的主要创新点。

第二章相关理论与文献综述，首先对食品安全、危机、社交媒体几个概念进行界定，其次对信息传播理论、社交媒体、复杂网络理论、食品安全理论相关理论基础进行介绍，对国内外研究现状进行归纳、总结和评价。

第三章对社交媒体信息传播内容和特征进行分析，社交媒体用户之间通过个体和群组多种方式进行信息、观点的交流与传播。本章通过调查问卷的方式了解社交媒体用户的信息获取行为和对食品安全信息的需求程度。主要调研目标是针对社交媒体用户信息获取行为和对危机信息的关注以及危机发生后的信息获取和传播情况。然后对社交媒体信息传播特征进行分析，主要分析了社交媒体在传播速度、信息聚合与共享、信息发布平台等几个方面的特征。

第四章食品安全危机信息在社交媒体中的传播规律和机制研究。社交媒体上的用户行为受个体对食品安全的认知水平、个体特征、内心情感等多方面的影响，社交媒体用户通过微信、微博等平台交流、表达观点和传播信息，对社交媒体用户行为规律进行研究和探讨，从社交媒体的网络节点认证类型、传播地域、信息获取和传播能力、传播次数、传播影响人数等角度探讨食品安全危机信息传播的内在规律和演化规律。分析食品安全类危机信息在社交媒体平台上传播和舆论演进的规律和特征，为进一步对社交媒体中食品安全危机信息传播进行研究打下基础。

第五章食品安全危机信息在社交媒体中传播速度预测，通过建立模型对食品安全危机话题的传播速度进行计算，并对话题传播速度的趋势进行预测。社交媒体中信息传播是一个复杂系统，食品安全危机话题在社交媒体中的传播必然受到网络结构、用户行为、话题内容和人为因素等多方面的综合影响。因此，针对食品安全危机相关话题趋势预测的研究会比较困难。本章首先分析食品安全危机信息的传播规律，建立短期信息传播模型。其次将实际数据代入模型，拟合传播速度函数，利用模型拟合数据和实际数据进行对比来验证模型的合理性。最后通过ARMA模型、BP神经网络方法和对收集到的食品安全危机信息时间序列数据进行长期预测，对预测趋势和实际数据进行对比来验证模型预测的精确性。

第六章食品安全危机信息传播影响研究，主要分析食品安全危机信息在社交媒体中传播对食品企业、消费者、经销商、食品监管部门造成的影响。

第七章提出了食品安全危机管理体系构建，借鉴国外引导大众参与治理食品安全问题治理机制和经验，结合第四章、第五章中得出的关于食品安全危机信息在社交媒体中传播的研究结论，探讨如何引导大众利用社交媒体参与食品安全治理，从消费者、媒体认知用户、政府、企业等多方面采取措施提高食品安全治理的效率。

第八章对研究的主要结论进行概括，指出研究的不足与未来要深入研究的方向和重点内容。

第九章对典型食品安全事件的全网数据做进一步分析，总结了食品安全网络舆情的演化特点及发展趋势，并提出对策建议。

第三节　研究方法与路线

一　研究方法

（一）文献研究法

通过信息传播理论、复杂网络理论、食品安全、公共治理理论，结合国内外危机信息传播相关研究成果，梳理出研究意义和研究思路，进一步通过食品安全危机信息在社交媒体传播的国内外相关研究成果，为后继深入分析做好铺垫。

（二）定性研究法

主要从社交媒体用户的个体特征、信息获取行为、对食品安全信息的需求程度，危机发生后信息在获取和传播途径等方面进行分析。

（三）案例分析法

本书以2011—2014年发生的典型食品安全危机事件为主要案例分析对象，结合具有代表性的社交媒体网站的技术功能和传播内容分析食品安全危机信息的传播效果和社会影响。

（四）实证研究法

通过对“地沟油事件”“瘦肉精事件”“染色馒头”“福喜问题肉”“毒胶囊”“费列罗质量门”“毒豆芽”“酸奶添加明胶事件”“农夫山泉质量门”九个典型食品安全危机事件的信息有关数据进行收集和分析，计算食品安全危机事件话题在社交媒体的传播速度，建立社交媒体食品安全危机信息传播模型，并对长期传播速度进行预测。

（五）社会网络分析法（SNA）

借鉴相关领域研究者的经验，通过建立社会网络模型，对食品安全危机信息在社交媒体中传播的数据进行实证分析。通过对九个典型食品安全危机事件信息传播的溯源和传播节点分析，对各传播节点认证类型、地域进行汇总，接着对每个事件的传播次数、影响人数进行分析，然后提取出传播节点中的关键节点，并对各关键节点进行网络结构分析，计算出每个节点的信息传播能力、信息获取能力、影响力等指标。并通过传播网络结构图对食品安全危机信息在社交媒体中的传播进行直观展示。

二　研究路线

本书的研究思路见图 1-1。

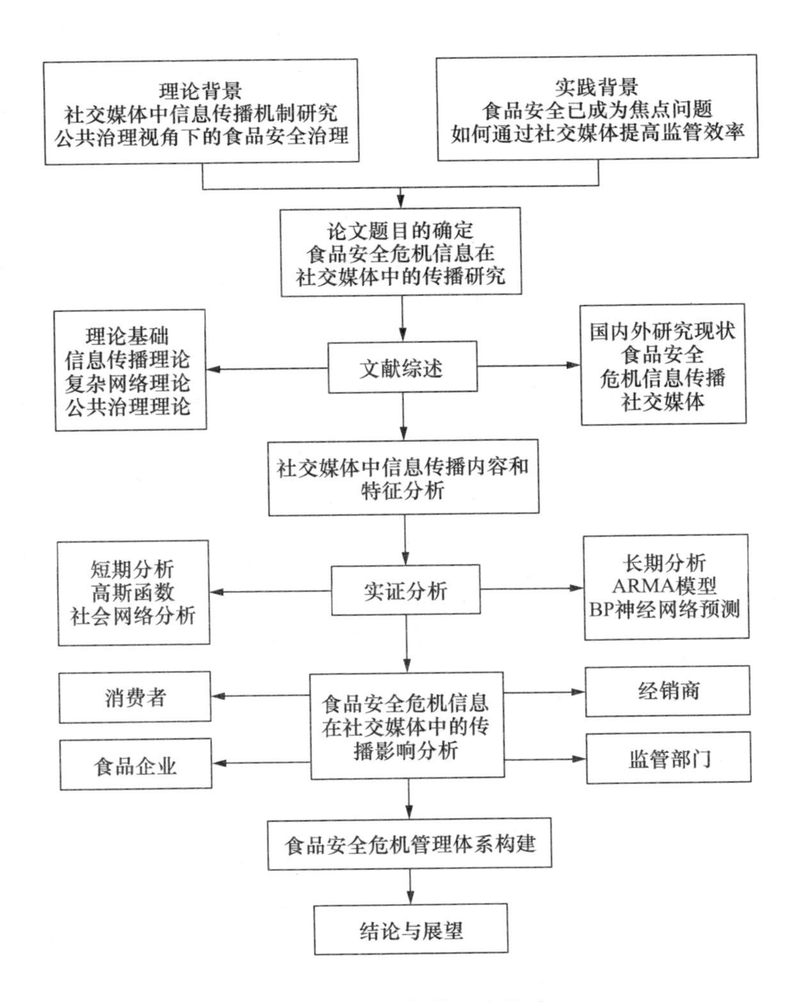

图 1-1　本书的研究思路

第四节　本书的主要创新点

本书首先对社交媒体中信息传播的内容和特征进行分析，其次研究了食品安全危机信息在社交媒体中的传播规律、演进过程、传播速度以及对消费者、食品企业、监管部门和经销商的影响，最后构建了食品安全危机管理体系。本书的研究加深了对食品安全危机信息在社交媒体中传播的理解，同时也为食品安全和信息传播理论的研究提供了一些探索性的成果，本书的创新点主要有以下几个方面：

（1）揭示了食品安全危机信息在社交媒体中的传播规律和传播网络结构特征，对危机信息传播阶段进行了重新划分。本书选取“福喜问题肉事件”等9个典型食品安全危机事件信息在新浪微博中传播的实际数据，对食品安全危机事件信息的传播路径进行模拟，建立食品安全危机信息传播网络。整个网络结构标准化外向中心势指数为16.285%，标准化内向中心势指数为64.182%，在所有节点中最高，节点“头条新闻”，受其他节点关注程度最高，其次是节点“任志强”，节点“陈世卿院士”“黑色金光”“张后奇”对其他节点的关注程度最高；整个网络的标准化中间中心势指数为18.10%，数值相对较小，表明整个网络没有较明显的向某个节点集中的趋势。节点“新浪财经”对其他节点之间交往控制程度最大，其中22个节点处于网络的边缘位置；各节点中传播信息能力较强的节点是“头条新闻”“央视新闻”“新浪财经”“任志强”“财经网”，各节点信息获取能力相差不大。探讨了食品安全危机信息传播的内在规律和演化规律，结合社交媒体危机信息传播的特点，对危机发生后信息传播阶段进行划分，并讨论了各阶段特征。

（2）通过实证检验验证了公众在参与食品安全治理中的作用，丰富了公共治理理论的研究成果。公共治理发展到网络时代，社交媒体等新媒体的传播优势和传播影响力可以扩大公众参与渠道，吸引公众更多地参与公共事务，而食品安全近几年成为公众最关心的焦点问题之一，因此引导大众利用社交媒体积极参与食品安全问题的曝光和食品安全隐患的揭发，必然会给食品生产企业、经销商、政府监管部门带来压力，这对于食品安全治理有非常重要的意义。公众参与体现了公众在食品安全治理中处于主体地位，公众参与食品安全治理是对政府监管的补充，公众通过社交媒体可以为政府监管部门提供更多的食品安全信息，有利于监管部门提高监管效率，同时公众参与食品安全治理有利于食品生产企业受到多方位的监督，可以及时发现问题并促使食品生产企业尽快提出解决方案并加以实施。目前，国内外关于公共治理理论的研究主要集中在公共治理的概念、内涵、类型、模式、社会基础以及引入公共治理解决政府监管失灵的必然性等方面，有关利用公共治理理论解决食品安全问题的研究基本都是围绕我国目前食品安全监管存在的不足，引入公共治理的必然性和消费者、食品企业、政府三方合作的食品安全治理模式和机制方面的研究，实证研究结果非常少。本书通过实证研究验证了大众在社交媒体中食品安全危机信息传播的作用，将公众纳入食品安全问题解决的过程中，丰富了公共治理理论的研究成果。

（3）定量研究了食品安全危机信息在社交媒体中的传播过程。本书以新浪、腾讯、搜狐和网易 4 个微博平台上的实际数据，对典型食品安全危机信息的传播速度进行建模，建立了短期、长期信息传播速度模型，为社交媒体平台上食品安全类舆情的监测和预警以及食品安全危机管理体系构建提供依据。

第二章　相关理论与文献综述

第一节　相关概念界定

首先对“食品安全”“危机”“社交媒体”这几个概念进行界定，并提出本书中食品安全危机的含义，界定本书中食品安全危机信息传播的含义。

一　食品安全

食品安全是联合国粮食及农业组织首次在1974年的世界粮食大会上《关于世界粮食安全的国际约定》中提出的，食品安全概念的提出得到了各成员国与会代表的支持。当时的定义主要是指要保证食品的数量满足所有人的生存和健康需求，大会要求各成员国要保证粮食数量的供应达到当时制定的最低安全系数，即17%—18%。1984年世界卫生组织对食品安全进行了重新定义，认为食品安全是指食品的生产制作和加工存储过程必须保证安全可靠并有益于消费者健康。随着人们食品安全意识的不断提高，国内外对食品安全的定义也在不断地发展。1996年世界卫生组织又对食品安全、食品卫生、食品质量的概念进行了区分和重新界定，食品安全是指消费者的健康不会受到因食用了按预期用途制作的食品而受到损害，这里的损害不仅指消费者食用后出现的急性或慢性疾病，也包括对其后代健康造成的损害。2003年，世界卫生组织和联合国粮食及农业组织联合对食品安全进行了重新定义，食品安全指食品必须消除对消费者的健康构成急性或慢性危害的所有因素。其更关注的是消费者的健康，强调食品必须是无毒无害的。随着消费者对食品安全问题越来越关注，国际标准化组织（ISO）2005 年在 ISO 22000：2005 中对食品安全的定义是：食品要保证消费者按照正常的剂量和方式食用时不会受到危害。

我国对食品安全的定义起源于 1995 年实施的《中华人民共和国食品卫生法》中第一章第一条提出的为保障人民身体健康和体质，防止有害和污染因素对人体危害的食品。2003 年国家质量监督检验检疫总局审议通过的《食品生产加工企业质量安全监督管理办法》中规定食品安全是指食品要保障不存在危及人体健康和人身安全的不合理危险，同时符合国家关于食品相关法律法规和强制性标准的要求。2009 年颁布的《中华人民共和国食品安全法》对 1995 年的食品卫生法从食品安全标准、食品安全监管、食品安全风险监测和评估、食品进出口、食品检验等方面进行了更新和替代，但是并没有对食品安全进行重新界定和定义。

从以上国内外对食品安全的认识来看，食品安全是食品在种植（养殖）、生产、加工、存储、运输、消费过程中不存在有毒有害物质对消费者及其后代产生威胁或者损害。食品也要符合国家的法律法规和标准要求。近几年国内外出现的食品安全问题一般为食品添加剂超标或者食品含有非食用添加剂、食品标签不符合标准、食品含有转基因成分、微生物污染、农兽药残留超标、重金属超标、食品中含有致敏源，各国政府都在采取措施确定食品安全相关的法律、法规、标准来保证消费者的生命和健康安全。

二 危机

国内外学者关于危机并没有统一的概念，但是，总结起来代表性的学者观点的共同点是：危机是对社会系统或组织或产业或外部环境造成了严重损害或潜在危害的事件，同时危机具有不确定性和不可预测性。一些代表性的学者对危机概念的界定见表 2－1。

表 2－1　　　　国内外有关危机的界定

学者	有关危机的研究
Hermann (1972)	认为危机是发生了超出决策者预料的形势，决策者受反应时间限制没有阻止决策目标受到威胁
Steven Fink (1986)	在确定性的问题临近时发生的不稳定状态的事件，需要组织采取措施消除不确定性风险
Rosenthal (1989)	将危机定义为对社会系统构成严重威胁的事件，危机分为自然和人为两类。在时间和造成的风险不确定下必须做出减少损害程度的决策
Barton (1993)	危机是可能引起组织产品、资产、员工损失的重大事件，也可能存在潜在的不确定影响或者对企业声誉造成影响
Banks (1996)	危机是指对企业的产品或者服务或者声誉造成负面影响或可能造成潜在影响的事件，危机事件由于影响企业的正常运转而威胁到企业的生存
Seeger (1998)	危机是一个或者一系列不可预测的、具有严重威胁的不确定事件
Pearson 等 (1998)	Pearson 从心理学的角度对危机进行了更为宽泛的定义，认为危机是具有高度的威胁性、由于造成损害的结果不确定和造成结果的原因以及解决的措施均不明确的情况下造成的群体信仰受到冲击或者价值破灭，此定义更偏重对关键利益人造成的心理影响
Perse (2001)	危机是不可控地使广大人群的生命财产受到突发性的威胁，其影响的人群数量很多，并且造成的威胁具有不稳定性
任德生等 (2003)	认为危机是可能给企业或者组织或者政府造成经济负面影响的活动或事件
薛澜、张强 (2003)	对多种危机定义概括总结得出：危机是指由于决策者的信息不对称，事态的发展具有不确定性等不利情形而对决策者的价值观造成挑战，需要决策者迅速作出反应的事件
刘刚 (2004)	把危机定义为对组织产生破坏的状态，为防止组织发生质变或者质变的进一步严重，要求决策者立即采取行动来缓解内部矛盾
胡百精 (2005)	危机是由企业或组织受内部管理或者外部环境影响对其目标造成威胁的情势，需要企业或组织决策者在短时间内加强沟通管理，做出决策

本书中食品安全危机是指食品安全突发事件，是指突然发生的，对消费者的健康和人身安全造成严重损害或者具有潜在损害的食品

安全事件，并且这些事件受到消费者的广泛关注和网络媒体的持续报道，使相关组织受到舆论压力，对组织正常运行造成干扰。

三　社交媒体

社交媒体应用起源于1993年6月，但社交媒体的概念最早由Antony Mayfield在2007年提出，他将社交媒体定义为每个用户都可以参与制作、传播信息、交流观点与其他用户对话的网络媒体。大众熟悉的国内外社交媒体有微博、微信、Twitter、Facebook等。Kaplan和Haenlein（2010）在他们的论文中对社交媒体的定义为在Web 2.0技术平台上用户创造内容可以进行传播和互动的应用集合的社交网络，并分析了社交媒体和其他网络媒体的区别。Jan Kietzmann等学者基于Kaplan的观点对社交媒体功能模块进行分类，共分为七个模块，即蜂窝理论。

我国学者对社交媒体概念的研究大多都在2008年之后，虽然学者们对社交媒体的定义并没有达成一致的观点，但是对社交媒体界定包含的因素都是相同的，一是基于Web 2.0，二是参与者众多，三是可以自由地分享、交流、创造和传播信息。社交媒体是用户进行社会交往的延伸，交互和互动是特点。

本书认为，社交媒体指可以进行信息的获取、分享、评论、传播的网站或平台或技术或工具，人们可以通过社交媒体分享观点、对事件的评论、经验等信息。社交媒体发展至今包含了非常广泛的内容，主要有社交网站、微信、论坛、微博、虚拟社区、播客等。社交媒体传播的信息已经成为网民关注的重要内容，社交媒体中传播的信息也经常延伸为网民的社交生活中的热门讨论话题。

第二节　相关理论基础

一　复杂网络

复杂网络是对复杂系统中的个体（或单元、子系统）之间关联作用的描述和抽象，它关注复杂系统中个体（或单元、子系统）之间的结构上或者行为上的连通性。

复杂网络的研究起源于1973年数学家欧拉把问题变为由点和面组成的图形，从而成功解决了困扰人们的“格尼斯堡七桥问题”，从此开创了图论和拓扑学领域的研究。Stanley Milgram 和他的同事们在20世纪60年代进行了对复杂网络研究具有历史意义的实验，实验对296名志愿者通过各自朋友链把信件传递给同一目标人物，该目标人物在麻省波士顿郊区的一个小镇，Stanley Milgram 只提供了目标人物的姓名、地址等个人信息，其中有64位志愿者成功把信件传递给了目标人物，中间长度为6，即六度分离理论。1967年 Stanley Milgram 在论文中探讨了实验结果对现实社会关系的意义，把人和人之间6小步的距离转化为6个社交圈的距离。该实验之后的很多相关实验都得出一个众学者认同的结论：世界上任意两个人之间的距离在社交网络中都是很短的。这个结论对于以后的信息、传染病、网络病毒等的传播速度的研究具有里程碑的作用。2006年微软员工 Jure Leskovec 和 Eric Horvitz 利用2.4亿微软 MSN 账号一个月内的通信信息进行研究发现，任意两个用户之间的平均网络距离是6.6，其中48%的用户可以在6次之内产生关联，而78%的用户可以在7次之内产生关联。Duncan Watts 和 Steven Strogatz 于1998年提出了 Watts - Strogatz 模型（小世界模型），小世界模型的关键是，引入少量的远距离弱关系的随机性就可以使每对节点之间的短路径使世界变“小”。Barabasi 和 Albert 等1999年提出无标度网络，揭示了复杂网络具有无标度的性质，自此开启了复杂网络研究的新纪元，复杂网络受到国内外学者的广泛关注，我国学者对复杂网络比较一致认可的定义是具有自相似、自组织、小世界或者无标度几个特性中的一个或几个的网络。目前复杂网络的研究已经应用于物理、社会学、管理学、化学、生物、计算机、通信、情报学等领域。

二　信息传播理论

Hardd Lasswell 于1932年提出并不断地修正和补充至1948年形

成“5W”信息传播模式，5W 信息传播模式的提出指明了传播学的研究基本要素，对传播学的研究产生了深远影响，国内外学者沿着 Hardd Lasswell 指出的五个要素，把 5W 信息传播模式应用于新闻学、心理学、语言学、政治学、社会学等学科，目前传播学领域形成了五类主要研究方向（如图 2－1 所示）。

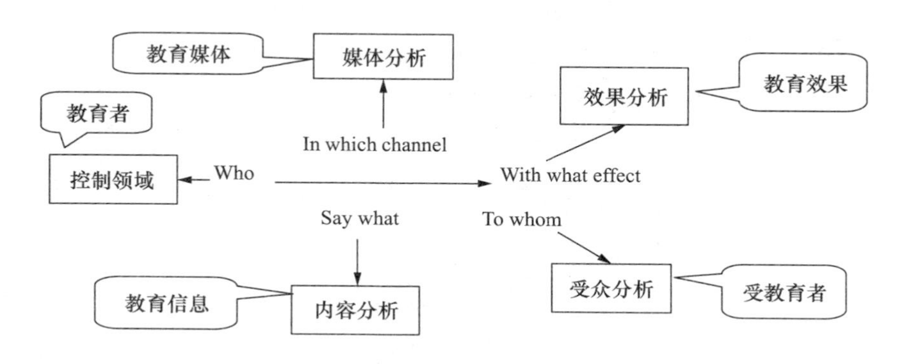

图 2－1　5W 信息传播理论及研究方向

但是，5W 模式也存在忽视了传播动机的影响和传播的双向互动、对传播的效果估计过高等方面的局限性，这些局限固化了研究者思维。1949 年 Clavde Shannon 和 Weaver 为了弥补 5W 模式的局限，提出了由五个环节和噪声组成的信息传播模式（如图 2－2 所示）。

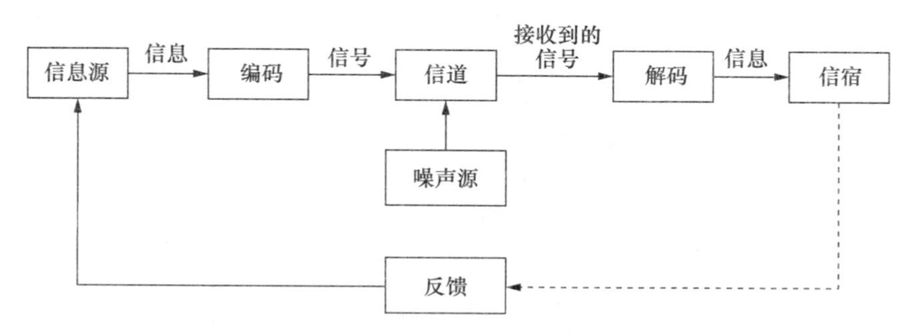

图 2－2　Clavde Shannon 和 Weaver 传播模式

1954 年，Osgood 和 Schramm 提出了信息传播的循环模式，该模式和以往研究者的观点不同之处在于传播过程中的每一方都可以交替成为信息的编码者、译码者和解释者，每一方都是相互作用的主体，在信息传播的不同阶段每一方扮演的角色不同。Osgood 和 Schramm 信息传播模式把以往的直线传播模式转变为循环传播，该模式适合面对面的传播分析，但是与现实中的其他情况下的传播不太符合。在此基础上，20 世纪 50 年代后期，社会学家 Defleur 提出德弗勒互动模型（如图 2－3 所示），该模型从整体观的角度进行分析，认为社会是由文化环境、传播组织、政治、经济、其他团体等组成的整体，传播组织是整体中的一部分，是受整体中其他部分影响的，大众传媒会受到整体中各个因素的影响。

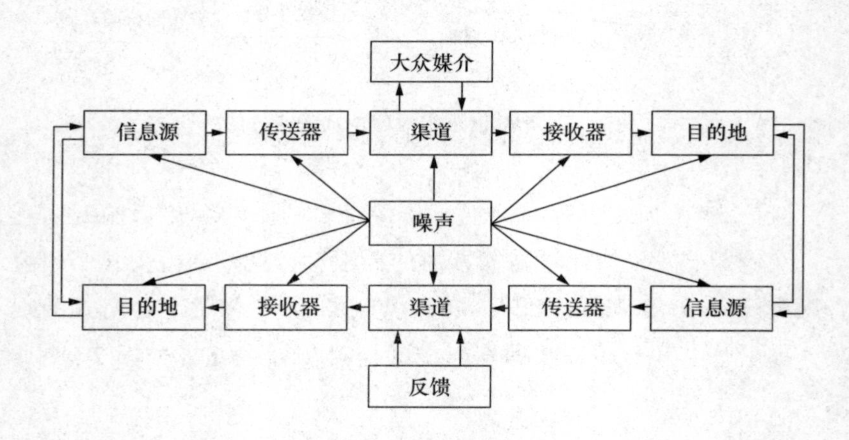

图 2－3　德弗勒互动模型

1959 年，赖利夫妇提出社会系统模式，该模式认为，社会总系统由基本群体和更大的社会结构组成，社会传播过程是一个综合系统，各组成部分之间或者各部分内部的信息传播受自身制约和社会总系统影响。该模式的不足之处是不够细致，针对此缺陷，1963 年，马莱茨克在赖利夫妇模式基础上提出了包含详尽传播内容的马莱茨克过程模式（如图 2－4 所示）。

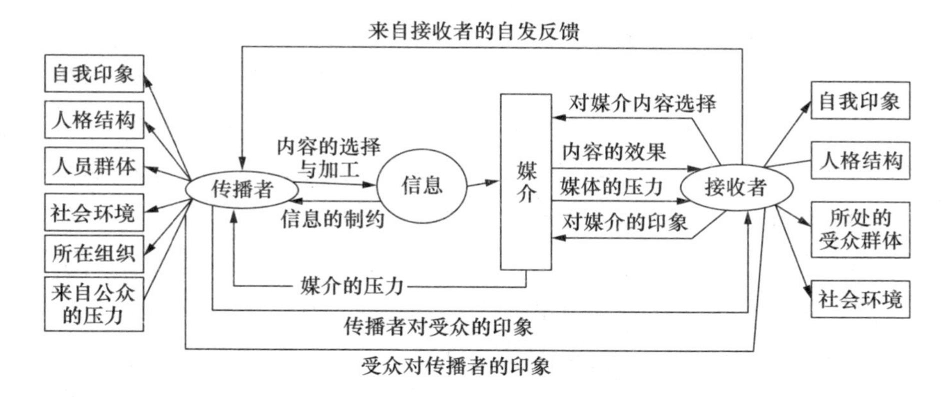

图 2-4 马莱茨克过程模式

1970 年，田中义久提出大众传播过程图式，田中义久把交往分成信息、物质和能量三种，其中信息交往属于大众传播，信息传播的双方受社会生产关系、科学技术、生产力等条件的影响，作为传播的个体，每一方传播信息都受到所处的社会环境条件的制约和影响（如图 2-5 所示）。

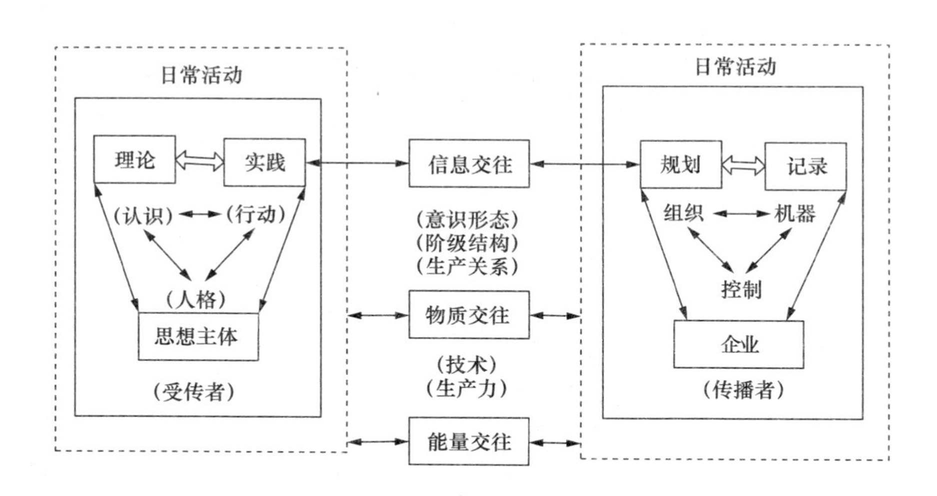

图 2-5 田中义久大众传播过程

三　公共治理理论

国内外学者对公共治理理论的研究始于20世纪70年代，1989年世界银行报告中首次提出治理危机，公共治理是指政府机构、私人机构、民间组织、非营利组织、社会个人都可以参与社会公共问题治理，实现社会公共问题治理主体的多元化。公共治理模式强调政府和其他治理主体之间为了公共利益进行相互合作，形成多主体互动的管理模式。在对公共事务进行治理的过程中，不断吸纳个人和利益相关者的参与，治理方式是灵活多样的，既可以是法律法规和国家制定的各种行业标准，也可以是市场调节或者文化教育方式，公共治理自20世纪90年代开始成为国内外学者研究的热点。

随着我国经济的发展，公共危机进入了易发期，公共安全突发事件、公共卫生问题等各种类型的危机层出不穷，对大众的人身和财产安全造成了严重威胁。我国出现的公共危机中影响范围最广、造成后果最严重的是食品安全危机，从以往的经验看，食品安全危机如果仅仅依靠政府治理很难有好的效果，近几年来我国食品安全危机事件仍然接连不断出现，之前仅靠政府为主体的治理方式体现了政府治理的不足，食品安全问题成为我国目前公众最为关注的问题，食品安全危机事件同时也不断引起“爆炸性”话题，因此，必须调动各类非政府组织、私人机构、非营利组织、消费者、企业等多种主体参与到食品安全危机治理中，协调各主体的力量共同治理危机，形成危机治理网络，做到快速高效的应对危机。

第三节　国内外研究综述

一　食品安全

由于食品安全和大众的生活、健康息息相关，一直以来都是国内外学者研究的热点，国内外学者对食品安全的研究主要有以下几个角度：食品安全管理（食品安全监管角度、消费者行为角度、生产者行为角度）、食品安全法律法规和标准、食品安全危机预警。

（一）食品安全管理

1. 食品安全监管角度

（1）国外有关食品安全监管的研究。Tanya Roberts 和 Eileen Van Ravenswaay（1989）分析了影响美国食品安全的原因主要有农兽药残留、细菌污染等，认为政府的有效监管对于食品安全问题的解决是非常重要的。Antle（1996，1999，2000，2001）自 1995 年开始从经济学的角度对食品安全监管等相关内容进行研究，并于 1995 年、1996 年、1999 年、2000 年不断发表用经济学模型、工具和方法分析食品安全的研究成果和结论，并于 2001 年对自己的研究成果和结论进行汇总形成手册，分别从政府和食品企业角度用成本收益模型对食品安全监管进行分析，阐明了有效监管的途径，对以后的食品安全经济学的研究产生了深远影响。Maldonado（2005）分析了墨西哥食品安全监管的成本和收益，他认为墨西哥的监管体系实施主要来自监测设备的购置，收益是通过加强监管食品中的细菌含量比之前降低。Garcia 等（2007）认为，仅仅靠政府或者企业监管都存在监管成本和资源约束的限制，不能从根本上解决食品安全问题，因此应该建立政府和企业协同监管的模式。

（2）国内有关食品安全监管的研究。周洁红、钱峰燕、马成武（2004）从质量控制、生产者和消费者行为、政府管理三个角度对食品安全国内外研究现状进行总结和述评，并从供给、需求等角度提出食品安全相关的理论研究方向。颜海娜（2010）指出公共事务管理中的共性问题“碎片化”，分析了我国食品安全监管改革中的缺失和不足。张永建、刘宁、杨建华（2005）指出，为提高我国食品安全水平，应效仿其他国家对食品安全监管的力度，建立和完善食品安全监管体系，监管体系应包含九部分内容。部分学者针对我国食品安全监管存在的不足，建议食品安全监管应该构建政府引导、企业自律和社会监督为主体的多元监管模式（李长健、张锋，2006；谭德凡，2011）。郑风田、胡文静（2005）指出了我国食品安全监管存在职权混乱、监管标准不统一、监管效率低、效果不好等问题，并介绍了美国和丹麦的监管体制，提出有效解决我国食品安全监管问题的途径。韩忠伟、李玉基（2010）介绍了行政权衡平理论在日本和美国食品安全监管中的应用，提出了我国食品安全监管体系构建。齐萌（2013）分析了“三鹿奶粉事件”“地沟油事件”“瘦肉精事件”“染色馒头事件”几个典型食品安全事件中我国食品安全监管模式存在的问题，指出未来我国食品安全监管应选择合作治理模式。有些学者指出我国食品安全监管体系中监管机构、监管模式、法律法规和各项食品安全标准、检测与风险预警几个方面和国外存在的差距，并从几个方面提出应对策略（蒋慧，2011；黄强、陶健，2012）。顿文涛、赵玉成、崔如芳等（2013）认为，食品安全监管各个环节应该运用物联网技术，构建食品安全监管物联网体系，对食品整个生产、运输、销售等过程数据进行收集。罗杰等首先对食品安全出现的问题和原因进行了分析，其次指出影响我国食品安全监管效果的监管缺位、监管规范不明确等问题，最后搭建食品安全监管框架，提出解决策略（罗杰、任端平、杨云霞，2006；张晓涛、孙长学，2008；周应恒、王二朋，2013）。

2. 消费者角度

（1）国外从消费者行为角度对食品安全的研究。国外从消费者行为对食品安全研究的代表性研究有：Nelson（1970）认为产品分为搜寻品、经验品和信任品。但是食品如果作为信任品可能会存在消费者与食品企业之间的信息不对称导致出现食品安全问题。Viscusi（1985，1986）分析了消费者行为和食品安全的影响因素。Conectient（1990）在其 *Economics of Food Safety* 中分析了个人收入、受教育程度等影响消费者风险认知和应对的因素，并提出消费者对食品安全需求的分析模型。Eom（1994）认为消费者对食品安全的认知受到对食品信息了解程度的影响。Fu 等（1999）对比了媒体信息对消费者的购买行为的影响。Dosman 等（2001）研究发现，消费者的个体特征中的性别、年龄、家庭拥有孩子个数、收入会影响其对食品安全的认知，女性因为通常负责家庭食品的采购而更关注食品安全，年龄越大的越关注身体健康状况而对食品安全更关心，高收入者对食品安全风险感知更敏感。Backer（2003）的研究结果和Dosman基本类似。Piggot和Marsh（2004）通过对比发现，当出现食品安全事件后，美国消费者的消费行为会受到很大的影响。当没有食品安全事件出现的时候，通过计算发现消费者对肉类的需求受食品安全信息的影响比较小，猪肉仅为0.99%，牛肉为2.21%，消费者的购买行为更多的是受到价格的影响。Kinsey和Harrison等（2009）通过对调查数据建立计量经济学模型进行分析，把消费者信心及其影响因素进行量化，计算得出消费者信心受食品安全相关媒体报道的影响。

（2）国内从消费者行为角度对食品安全管理的研究。国内从消费者行为角度对食品安全管理的研究主要集中在消费者对食品安全的认知、消费者对食品安全风险的感知和购买意愿等方面，比较有代表性的成果包括：王志刚（2003）通过对天津市消费者的数据调查验证了消费者对转基因食品和绿色食品的购买受对食品安全的认知度和是否购买过两个因素影响，结论有利于了解消费者对食品的消费倾向和购买意愿。周应恒、霍丽玥、彭晓佳（2004）对南京市的消费者调查数据进行实证检验，分析了消费者购买意愿受食品的农兽药残留、保质期、营养成分、产地、防腐剂、是否转基因食品六个方面因素的影响。王可山、郭英立、李秉龙（2007）分析了北京市消费者对畜产食品消费行为，得出消费者对食品安全认知情况是影响购买行为的主要因素，应进一步增加信息的公开和透明度，改善消费者对食品安全信息的了解。何坪华、焦金芝、刘华楠（2007）通过对全国九个市的调查数据进行验证，分析消费者对“苏丹红事件”“阜阳奶粉事件”“松花江水污染”等事件的关注情况，并用Logistic模型分析了消费者收入、教育程度、信息获取途径等影响对食品安全事件关注的因素。韩青、袁学国（2008）通过对消费者购买生鲜食品的行为研究，得出消费者的购买行为与所在地区经济水平、市场的发展程度、个人收入、受教育情况等因素的影响，建议政府加强对食品安全信息的监管。马缨、赵延东（2009）实证检验了北京市大众对食品安全问题的满意度、食品安全事件的感知度，分析了消费者对政府、专家、食品企业的信任度及影响因素。任燕、安玉发（2009）通过对北京市部分农产品批发市场的调查数据进行分析，得出消费者对食品安全关注程度都是非常高的，但是对农产品批发市场的卫生环境和政府监管都不太信任。全世文、曾寅初、刘媛媛等（2011）分析了“三聚氰胺奶粉事件”后，消费者的食品购买行为受到影响。消费者对食品安全的风险感知和对食品安全信息的信任程度影响了购买行为的恢复。古川、安玉发（2012）首先通过信息披露模型在食品安全应用中的博弈分析得出食品安全信息披露对企业和消费者的影响，然后通过对欧盟、美国和日本食品安全信息实例的分析，得出加快我国食品信息向消费者披露的对策建议。刘飞、李谭君（2013）提出食品安全应该采用政府、消费者和市场协同治理的模式，应该加强消费者对政府披露信息和制度的监督，同时强化政府对市场的监管和激励。

3. 生产者行为角度

（1）国外从生产者行为角度对食品安全的研究。Grossman（1981）认为消费者在购买食品前可能并不完全了解食品安全的信息，但可以通过市场均衡的机制对这种缺失进行弥补，形成高质量、高价格的信誉机制。Shapiro（1983）用博弈论分析食品生产企业声誉机制，他认为企业为了保持未来持续收益而不愿意损害其声誉。当食品中出现毒素残留或者微生物污染时，消费者无法判断食品质量会造成“劣币驱逐良币”现象，因此需要企业遵循社会道德并向消费者提供真实的信息。Caswell（1998）分析了食品企业安全生产的动机。Buzby（1999）分析了食品企业实施标准生产的动机，认为售前的产品性能、加工、投入使用要符合相关的标准要求，售后主要来自如果企业所生产的食品出现不安全因素造成消费者损害企业要承担法律责任。

（2）国内从生产者行为角度对食品安全管理的研究。张耀钢、李功奎（2004）从经济学的角度对农户的行为进行分析，揭示了农户逆向选择的原因，从四个方面提出解决途径。周应恒、霍丽玥（2004）对食品安全经济学理论基础进行分析，并对国内外研究现状和动态进行综述。岳中刚（2006）对食品安全事件造成的原因进行理论分析，提出改进监管体制的建议。王虎、李长健（2008）解释了我国食品安全生产者、监管者、消费者、经销商之间的利益博弈现象，建议重新构建新型的多元食品安全监管模式。韩国良、李太平、应瑞瑶（2008）分别从单级和两级食品安全标准路径角度分析对生产者收入带来的影响，指出提高食品安全应采取的基本路径。陈思、罗云波、江树人（2010）研究结果表明：我国食品安全监管部门对食品生产者监管的激励不足，惩罚内容有时不够明确。然后运用博弈模型对食品安全监管者和生产者、生产者之间的行为选择进行动态博弈分析，最后提出监管部门应采取措施增加违法成本来保障食品安全。吴凡（2010）探讨了我国食品安全法对生产者社会责任的法律规定，强调了食品生产企业责任的特殊性和重要性，生产企业责任不仅包括法律责任还包括社会责任。孙敏（2012）对食品企业不安全成本进行分类，对食品生产检测过程中的抽样误差、追溯误差和检验误差进行计算和分析，阐述了几类误差对食品企业激励约束产生的影响。陈兵（2014）分析了目前我国单一式食品安全监管存在的问题，指出应采纳部分学者提出的多维治理模式，又对多维治理架构进行解析。于荣、唐润、孟秀丽、陈欣、王海燕（2014）用博弈模型对食品安全监管中各方行为进行分析，对生产者而言，生产者之间基于信任的追求共同利益互相合作可以减少监督和激励成本，而且发生问题有助于提高双方责任感。

（二）食品安全法律法规和标准

1. 国外有关食品安全法律法规和标准的研究

Stephen Breyer（1982）认为制定政策和法律的命脉是信息，立法部门必须了解食品生产企业的信息。Shavell（1984）认为在信息不完全的条件下建立模型对安全责任和规制进行分析，认为如果食品生产企业因为没有履行安全生产责任而有较高的预期损失时，食品生产企业会进行安全生产。W. Kip Viscusi（1985）认为食品生产企业如果违反法律中的过失、严格责任、违反警告中的任意一条都应该对消费者承担损害责任。Mc Guire（1988）认为企业产品责任诉讼的法律规定有利于促进产品安全。史普博（1989）认为消费者和生产企业之间的信息不对称而出现的质量问题应该由民事侵权法来规定其应承担的责任。Richard 和 Jeffrey（1998）认为食品安全问题需要政府、消费者和食品企业共同解决，政府应该加强执法力度。Henson（1999）分析了食品安全标准的采用与食品安全体系的关系，影响食品安全标准制定的因素。

2. 国内有关食品安全法律法规和标准的研究

夏英、宋伯生（2001）论述了欧盟的 ISO9001、HACCP、BRC、EU REP/GAP 等食品安全质量标准以及国外食品安全管理的中值得我国借鉴的做法，并提出完善我国食品安全标准的对策建议。冒乃、刘波（2003）首先分别介绍了我国和德国食品安全相关的法律法规，指出我国食品安全法律界定中存在的角色、权限和定义等方面存在的问题，提出健全我国食品安全相关法律法规的建议。刘超、卢映西（2004）介绍了欧盟食品安全标准和法律、法规修改之处，指出我国食品出口欧盟面临的问题和挑战，我国食品出口企业应该采取的应对措施。宋伟、方琳瑜（2006）对比分析了发达国家与我国转基因食品相关的法律，指出我国应该统一和完善转基因食品的监测标准和法律规范，应进一步研究转基因食品对人类和环境的影响。张芳（2007）指出我国食品安全法律存在的漏洞和监管空白，提出应加强对食品生产者、消费者和销售商的引导，加大执法监督力度。田禾（2009）解释了生产、销售有毒有害食品等食品安全相关的犯罪行为、犯罪类型、犯罪要素，并对这些犯罪行为的法律条文做了详细介绍，并指出目前食品安全犯罪相关法律的不足之处。刘畅（2010）对比分析了最近几年欧洲、日本和我国出现的食品安全事件，并介绍了日本食品安全相关的法律法规，指出我国应该借鉴的内容。廉恩臣（2010）介绍了欧盟食品安全法律的起源、发展和体系形成，欧盟食品安全的预警系统和可追溯系统以及我国应借鉴的相关内容。解志勇、李培磊（2011）指出最近几年我国食品安全问题频出的原因除了企业道德缺失、监管的漏洞，还有法律责任体系的问题，要想解决食品安全问题，首先应完善法律责任体系，并提出完善的建议。刘伟（2011）认为应该对目前的食品安全相关的立法进行改进以保障食品安全风险的降低。

（三）食品安全危机预警研究综述

食品安全危机预警分为危机发生前的预警和危机发生后的预警，危机发生前的预警是对食品的生产、加工、消费整个环节进行检测、监督和控制，目的是预防危机的发生，危机发生后的预警是当食品安全危机发生后政府、企业对危机的应对，政府对消费者的引导等措施，预警的目的是保障食品安全和社会大众的利益。国内外学者对食品安全危机预警的研究大部分是从政府或者企业的角度展开，政府的食品安全预警包括危机发生之前政府对食品生产企业过程中的监督，通过制定食品安全相关的法律法规和标准来预防危机的发生；当危机发生后政府及时采取措施对危机进行控制和解决，监管部门对危机的危害范围和程度、发展态势等信息对大众发出通报、危机发生后对大众心理进行引导。企业的食品安全危机预警不仅包括企业建立的预警系统对食品在生产加工过程进行实时监测，发现问题进行预报以便企业及时采取措施对问题进行预防和控制，还包括食品安全危机发生后企业进行的危机的应对以及品牌形象修复等各种措施。

1. 国外食品安全危机预警的研究

Antle（1995）指出当食品遭受微生物、化学等污染时会对消费者造成风险，食品安全问题的解决要靠政府的管制和干预。FAO（1996）是世界粮食安全宣言中承诺将制止危害粮食安全的行为，努力预防人为和自然灾害造成的粮食危机，制定政策通过各种途径实现粮食安全。Perry 等（2003）指出网络环境背景下的危机沟通管理，指出危机发生后应如何利用新媒体和其他多种解决途径一起解决危机。Ladina Caduff 和 Thomas Bemauer（2004）认为欧美不断发展的预警模式在监管效果和资金投入上都比之前的监管方式要成熟。Shirley M. Rosemary R.（2005）分析了美国三个食品安全预警部门各部分对预警信息的发布等职责和协调机制。戚亚梅（2006）指出欧盟通过对原有的食品预警系统进行调整对食品的预警防控起到了积极的作用。Kurita N. 等（2006）对食品安全预警制度进行研究，指出预警信息和管理系统的组成以及各系统的功能。Maeda Yasunobu（2006）等对比了食品预警信息、分析、反应三个系统各部分的职责，三个系统各司其职共同进行食品安全预警。Adrie J. M. Beulens 等（2006）利用数据挖掘技术对食品供应链中的影响因素进行分析来对食品安全进行预警。Berrueta（2007）分析了欧盟食品预警系统对食品安全事件的应对作用。Kletera A. 等（2009）探讨了欧盟 RASFF 对食品和饲料风险信息的发布、反馈作用和运行机制，并利用实际数据进行说明。Rortais A. 等（2010）经过对比发现 RASFF 和医疗信息两个系统都可以为风险预警提供可靠信息，两个系统都是危机预警信息来源必不可少的一部分。

2. 国内食品安全危机预警的研究

唐晓纯（2005）建立了食品安全预警和防控评价体系指标。吕新业等（2005）利用 VAR 模型计算的综合指数值来对粮食安全进行预警，并提出未来改善粮食安全状况的对策。刘华楠、徐锋（2006）从企业内部和外部两个方面 41 个具体评价指标，运用模糊评价等级对肉类食品进行信用评价来预警肉类食品质量安全。林镝、刘晓霞（2006）对 HACCP 的工作原理进行了介绍，并分析了利用 HACCP 对食品生产过程进行控制比对最终产品进行控制可以避免生产不合适产品造成的原料成本，并分 7 个环节建立危机控制流程图。晏绍庆等（2007）对国外主要食品安全预警系统——国际食品安全监控网络、全球环境监测系统、欧盟食品与饲料预警系统进行解释和评析，并对比了我国食品安全监测系统与国外监测系统的区别。胡中卫（2008）等分析了食品安全风险造成的时间、身体、心理等方面的损失，指出了衡量食品安全风险认知和评估等后期的研究方向。许建军、周若兰（2008）从技术、组织、法律等不同的角度详细解释了美国食品安全预警机制以及我国的启示。唐晓纯（2008）通过食品安全警情警兆监测指标层11项指标和警素警兆监测指标层32项指标对食品安全进行总体预警，并论证了食品安全预警系统与社会、环境、技术、经济各系统的关系。齐徐俊（2009）分析了动物源性食品安全问题对消费者和社会经济发展造成的不良影响，指出建立食品安全事故预警体系的必要性和紧迫性，并建立了食品安全风险预警的框架。章德宾等（2010）对各省质量监督局报送的监测数据进行BP神经网络预测，利用实际监测数据和预测数据进行对比来验证模型的可行性和有效性。陈骏、梁永明（2011）分析了“南京小龙虾事件”发生后，政府、水产品行业协会和水产养殖户在水产品品牌建设中解决问题的不合理之处，并从四个方面提出水产品品牌建设的途径。顾小林等（2011）从改进的关联规则挖掘算法角度建立食品安全模型，对生产过程中的异常数据进行检测达到预警的目的。陈小芳（2012）指出当前我国生物、化学物质检测标准低、检测实践的不足给食品安全预警带来的问题，从食品安全法律建设、资源整合、协调机制、责任考核等方面提出健全和完善方案。陈佩蕾、孙继伟（2012）分析了食品安全预警信息发布机制缺陷、企业之间恶性竞争、信息传播主体缺乏责任心等食品安全危机诱发的原因，并从分布式认知的主体、客体、信息的收集和发布3个方面分析危机的防范机制。白茹（2014）利用信号分析技术对食品安全的危险因素进行预警，建立了危险因素指标识别框架以期更客观地监测危机预警信息。肖宛凝等（2014）详细介绍了吉林省食品安全预警分析、反应和管理3个子系统的功能和内容，并针对以往食品安全数据监测方面存在的不足提出对策。宋宝娥（2014）从食品原料、加工、储存、销售、流通、消费整个供应链环节六个维度 23 个指标指数构建食品安全预警体系，利用集值统计迭代法确定各指标权重进行建模。张红霞、安玉发（2014）分析了食品企业爆发食品安全危机的诱因，食品安全危机事件曝光的源头和渠道，企业对危机的应对。

国外有关食品安全危机预警的研究主要集中在危机对消费者造成的风险以及美国、欧盟等建立的食品安全危机预警系统的组成，各部分的功能和运行机制以及在食品安全防范方面所起到的作用等方面。国内食品安全危机预警的研究主要集中在国外危机预警系统建设的经验和对我国的启示、危机预警系统建立的必要性、预警系统框架、指标设置、危机发生后企业品牌建设以及对食品进行细分的粮食、肉类、奶制品类企业的信用评价指标体系构建和预警机制等方面，而针对实际数据建立预警模型并应用预测的研究并不多。

综上所述，国内外学者有关食品安全的研究主要集中在食品安全管理、食品安全的法律法规和标准、食品安全危机预警等方面。其中食品安全管理又分别从政府、消费者、生产者角度来研究。国外学者从政府角度对食品安全的监管的研究主要是对政府食品安全监管的成本和收益进行分析，我国学者从政府角度对食品安全监管的研究主要是国外食品安全监管体系和方式对我国的启示、我国食品安全监管与国外的差距以及监管的不足和产生的原因、监管体系的构建等方面。从消费者角度对食品安全的研究主要集中在消费者对食品安全风险的感知和消费者行为选择以及食品安全危机事件发生后消费者的信心等方面。从生产角度对食品安全进行的研究大多是食品生产企业进行博弈，分析其社会责任和进行安全生产的动机以及政府的激励成本等。有关食品安全法律法规和标准的研究，国外学者大多集中在分析食品生产企业违反相应的法律、法规和标准时应承担的责任以及影响食品安全相关法律、法规、标准制定的因素等；国内学者对食品安全法律、法规和标准的研究主要集中在介绍美国、欧盟、德国、日本等发达国家的法律、法规和监测标准，分析我国食品安全法律、法规和监测标准等存在的问题和监管的漏洞，针对问题和漏洞提出对策建议等方面。国外学者对食品安全危机预警的研究相对而言对预警制度、预警系统的功能等定性的内容多一些，国内学者关于食品安全危机预警的研究主要是对食品安全预警的定义、预警机制的建立的紧迫性和分类预警指标体系、利用综合模糊评价、关联挖掘、多元回归等方法建模方面内容比较多一些。

二　危机信息传播

信息传播最早是由 Hardd Lasswell 在 1932 年提出的信息传播的 5W 模式，目前信息传播在传播学、社会学、经济学、管理学、计算机等学科和领域取得了丰硕的研究成果。1986 年 Steven Fink 提出危机传播分为潜伏期、突发期、蔓延期、危机解决后的恢复期四个阶段，Steven Fink 认为危机传播是一个循环往复的过程，即使危机解决了但是如果不保持警惕危机仍会重新爆发，危机突发期一般时间都很短，并且会对大众的心理造成严重的影响。而危机蔓延期的长短取决于危机的管理程度，如果管理迅速有效则这一阶段时间会比较短，如果相关部门不作为，采取的管理措施和手段无效或者根本没有任何管理则这一阶段将会延长，所以在四个阶段中最关键的阶段是蔓延期。1997 年 William Benoit 提出危机应对形象战略理论，他认为声誉是企业或组织的重要资产，危机会对企业或组织的声誉造成严重影响，因此应采取有效的战略和战术来减小危机造成的影响，在他的形象战略理论里共提出自责、减少危机传播的范围、弥补措施实施、逃避和否认 5 个战略和 14 个战术。William Benoit 应对危机的战略和战术自提出后被广泛应用在各类企业和组织的危机化解中。同一年 Thomas Birkland 从另一个视角提出焦点事件理论，他把未能预料的、突发事件称为焦点事件，在焦点事件的解决中，媒体对事件的采访和持续报道能引起大众、企业、政府的广泛关注而促使相关组织尽快采取行动，因此媒体对焦点事件的解决和政策的制定也起到了重要作用。2004 年 Coombs 在他的论文中指出危机情境分为危机种类、证据的真实性、危机伤害程度、组织过往的表现四个维度，并分析危机传播和危机处理策略。

我国学者关于危机信息传播的研究自2003年的“非典”开始不断地深入，通过对中国知网中文献“危机信息传播”主题的相关搜索，搜索结果显示我国学者对危机信息传播的研究成果数量不断增长，其中代表性的成果有薛澜、张强、钟开斌（2003）通过分析SARS事件的特征和危机的发展阶段，探讨危机的诱因以及我国危机管理体系存在的问题，最后提出重构我国危机治理机制。林国基、贾珣、欧阳颀（2003）对SARS的传播过程进行模拟，用小世界网络扩散模型模拟出SARS病毒扩散的趋势，对影响病毒传播速度的因素进行改变来仿真模拟结果，提出控制疫情的有效方法和需要注意的问题。廖为建、李莉（2004）从传播、公共关系和管理三个不同的视角对危机传播进行分析，对危机传播的研究领域和理论进行概括和总结，探讨了我国在危机信息传播中应该借鉴的内容。王想平、宫宇（2005）从危机传播的发展阶段分析传播特征和舆论特点，提出从4个方面引导危机舆论传播的建议。魏玖长、赵定涛（2006）对危机传播模式进行文献回顾，从危机编码、通道、解码、反馈、噪声几个角度分析了危机信息传播的影响因素。刘茜、王高（2006）通过对国内外学者关于危机管理的研究分析，梳理出学者们对危机形成的三类不同见解，指出评价危机管理成败的角度，对评论危机管理效果有一定的理论意义。李志宏、何济乐、吴鹏飞（2007）根据国外信息传播理论基础提出基于信息流的危机信息传播新模式来分析危机信息传播的各个阶段特征，提出应对危机的管理对策。王伟、靖继鹏（2007）对危机信息传播的社会网络理论基础进行解释，对危机信息传播的复杂网络结构进行分析，并用图描述了影响危机传播速度、范围和传播路径的因素，从社会网络的角度对危机信息传播提出了新的研究视角。史安斌（2008）通过对“汶川大地震”“非典”等典型事件中危机传播的实践进行分析和评论，指出国外危机传播理论在我国危机传播的应用中存在的问题、我国政府危机管理所处的发展阶段和存在的缺陷，最后对我国危机传播的研究提出见解。匡文波（2009）对“三鹿奶粉事件”和“邓玉娇事件”等典型事件中的“蝴蝶效应”运用混沌理论进行解释，通过分析典型事件的传播过程，提出危机的初期、中期和后期政府应采取的应对策略，同时提出政府应建立公共危机事件预警机制。田卉、柯惠新（2010）对危机事件的网络舆论从理论和案例两方面分析，提出监测和引导网络舆论的建议，为网络舆论治理提出理论依据。鲁津、栗雨楠（2011）对“双汇瘦肉精”危机信息传播过程进行介绍，对双汇集团采取的形象修复策略从5个方面进行分析，最后指出我国食品安全危机频发的原因并提出解决对策。汪臻真、褚建勋（2012）情境危机传播的归因论和理论模型，对危机应对策略进行划分，并指出以往危机传播研究的不足，从新的视角对危机应对策略进行解释。梁芷铭（2014）对政务微博公共危机事件信息传播的效果进行分析，从政务微博危机传播技巧、管理主体和运营状况3个方面进行分析，提出政务危机传播的对策和建议。

目前国内外对危机信息的研究方法主要有以下几个方面。

（一）SIR（Susceptible – Infectious – Removed）流行病模型

传统的传染病模型包括3个部分，即易感期（容易被传染的时期）、传染期（一旦被感染，就会以一定的概率把疾病传染给相邻的节点）、移出期（当一个节点完成了传染期，就不会再被传染）。将传统的传染病模型引入网络流行病模型，用一个有向图表示网络（如图2 –6所示），每一个单向边都表示受到感染的节点会以一定的概率把疾病传染给被指向的节点，即从o指向p的边意味着如果节点o已感染某种疾病，经过一段时间它可能会传染给p。为了分析的便于理解，图2 –6中的边都是单向边，在实际的网络传播结构中，双向边的分析更接近实际，即边的指向为从o到p和从p到o。每个节点都会面临易感—传染—移出的循环，简称STR模型，流行病的传播速度受传染概率和传染期的长度影响。在图2 –6①中，b

和 c 节点处于传染期，节点 a、o、p、q、r、s、t 都处于易感期，第二阶段图 2 - 6②节点 c 把疾病传染给了 s 和 a，第三阶段图 2 - 6③中 a 又把疾病传染给了 o，此时 a 进入了移出期，不会再受到传染。图 2 - 6 描述了 SIR 模型传播的过程，它可以应用于任何网络。

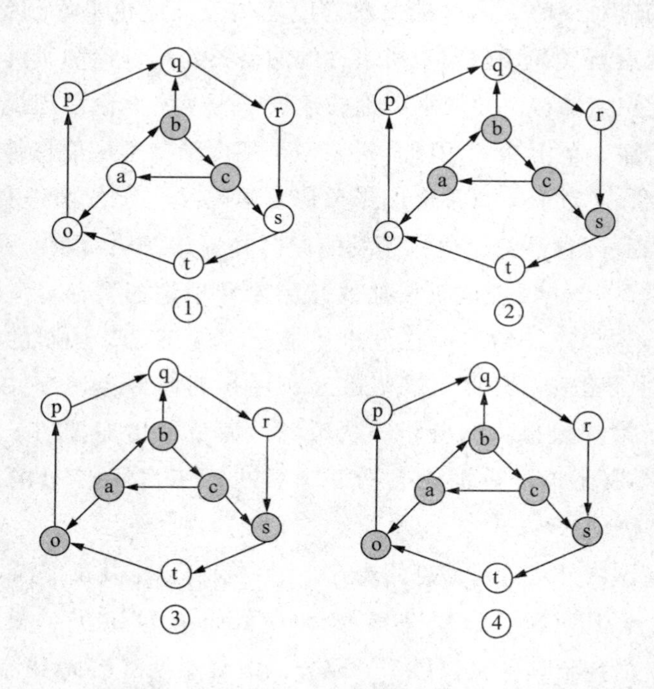

图 2 - 6　SIR 模型传播过程（图中阴影节点表示受到感染的节点）

SIR 流行病模型假定每个节点只会感染一次疾病，对 SIR 模型进行简单改变，假定每个节点都可以在易感和传染之间变化，即当节点结束传染后没有进入移出状态，而是又回到易感状态，有可能再次被传染，这种改变的模型称为 SIS（Susceptible - Infectious - Susceptible）模型，图 2 - 7 描述了 SIS 模型的疾病传播过程。最初 a 点处于传染期，b、c 节点处于易感期，第二步 a 把疾病传染给了 b 和 c，节点 a 不断地重复传染、恢复、再次被感染的过程，图 2 - 7 比较符合三个人生活在一起疾病互相传播的情形，其中一个人把疾病传染给别人，恢复之后有可能受到另外两个人的传染。

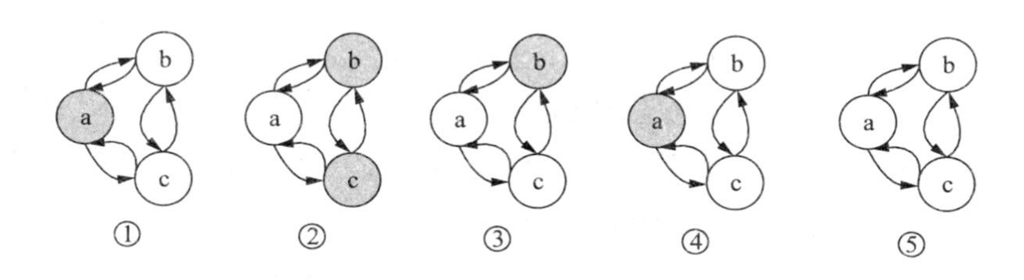

图2－7　SIS模型传播过程（图中阴影节点表示受到感染的节点）

SIR模型和SIS传播模型的传播过程是有差异的，但是也可以将SIS模型看成SIR模型的一种特例。在现实生活中，每个人对疾病的免疫可能是暂时的而不是长期具有免疫性，因此，将SIR模型和SIS模型进行结合并对其进行改进发展成了SIRS模型（Susceptible－Infectious－Removed－Susceptible），当受到感染的节点恢复后，经过一段时间的免疫期，又回到易感状态。SIRS模型的传播过程不仅受到传播概率和传播速度影响，还受到个体免疫长度的影响。

（二）社会网络分析法

社会网络分析是研究社会个体、群体、社区、组织等之间互动和联系而形成的关系的研究方法，个体、群体、社区、组织等之间互动会影响其社会行为。社会网络分析法主要是对网络中的个体属性和整体属性进行分析。社会网络分析目前已经应用到信息传播、数据挖掘、知识管理、心理学、信息科学、统计分析等领域。

社会网络分析法在信息的资源传播方面的应用主要有以下几个方面：

（1）信息、资源、风险是怎么通过关系网络进行传递的，网络模式对传播速度有什么样的影响；

（2）谣言、名声、粉丝之间的信息是怎么传递和沟通的；

(3) 社会支持网络;

(4) 权力的来源、分布,核心行动力对资源的控制情况。

(三) 复杂网络模型

复杂网络模型主要包括随机网络模型、小世界模型及具有随机响应的动态有向小世界模型、无尺度网络模型以及 BA 模型及其在 BA 模型基础上改进的局部演化模型。随着大规模网络数据的爆炸性增长,复杂网络近年来被应用于许多领域,主要被应用于物理中的通信网络、生物学上的食物链网络和物种繁殖、医学上的流行病传播、社会学中的信息传播、互联中的病毒传播等,近年来,将复杂网络应用于信息科学和社会学、医学、物理学等交叉学科的研究越来越多。将复杂网络模型应用于危机信息传播的研究主要集中在危机信息传播的社会网络结构分析、复杂网络环境下的舆情演化分析、小世界和无标度网络上的谣言传播模型、网络社区中危机信息传播干预等方面。

综上所述,国内外对危机信息的传播的研究主要集中在危机的发展阶段、影响因素、危机的应对战略、危机传播和处理策略以及危机的治理机制等方面。研究的方法主要有流行病传播模型、社会网络分析、复杂网络模型等。

三 社交媒体

Wang (2004) 对社交媒体用户参与社区活动的时间和与其他用户互动的两个维度的行为进行分析。Boyle (2004) 通过分析"9·11"事件后信息的传播发现,恐怖事件发生后大众更迫切搜寻相关的信息。Jan (2011) 认为社交媒体已经改变了大众以往的沟通方式。David (2004) 认为社交媒体对危机事件具有非常重要的意义。Helle (2009) 认为社交媒体在 Web 2.0 时代会成为对外交流的新工具。

我国关于社交媒体的研究开始于 1995 年,但是一直到 2010 年相关的文献都非常少,最近几年社交媒体才逐渐成为研究热点,关注的学者才多起来(如表 2-2 所示)。

表2－2　　1995—2014年社交媒体相关研究文献

年份	文献数量	年份	文献数量	年份	文献数量	年份	文献数量
1995	1	2000	2	2005	5	2010	178
1996	0	2001	4	2006	8	2011	558
1997	1	2002	6	2007	13	2012	988
1998	1	2003	1	2008	24	2013	1205
1999	1	2004	7	2009	74	2014	921

闫幸、常亚平（2010）详细介绍了社交网络的分类、隐私设置、影响大众社交网络使用的因素和使用后对大众人际交往、社会资本、消费行为等方面的影响。王文（2011）描述了国外社交媒体发展现状，社交媒体在信息传播上对世界政治的影响力，提出社交媒体中的信息传播对我国带来的挑战和影响，我国应积极利用社交新媒体工具。蒋翠清、朱义生、丁勇（2011）介绍了UGC的国内外研究动态，并分析了意见领袖在网络信息传播中的作用，并利用实际调查数据进行计算和验证。金永生、王睿、陈祥兵（2011）通过对典型企业微博数据建模分析，验证微博营销效果是受到粉丝数量影响的，为企业利用微博进行营销提供了依据。熊澄宇、张铮（2012）分析了社交网络的物质、精神属性、技术构成、行为层次等内容，并从传播学的角度对社交网络的研究进行述评。彭兰（2012）探讨了记者微博的地位、价值、作用，指出记者微博在信息验证、整合以及形象塑造几方面应该改进的地方。陈艳红、宗乾进、袁勤俭（2013）对国外学者有关微博的研究成果进行梳理和总结，指出社交媒体的研究为国外相关研究的核心和热点，总结分析出以往研究用到的技术和方法、未来研究的趋势。王清华、朱岩、闻中（2013）对新浪微博的用户数据进行建模，得出用户使用微博的动机、满意度和用户行为之间的依赖关系、微博用户数量的影响因素等内容。

综上所述，国内外学者对社交媒体的研究主要集中在社交媒体的内涵、地位和价值；社交媒体在灾害信息传播中的作用；社交媒体作为新媒体的典型代表与电视、广播、报纸、杂志这些传统媒体带来的挑战以及对大众生活的影响；企业如何应用社交媒体对产品进行营销；社交媒体中信息传播对危机事件的意义等方面。

四　危机信息在社交媒体中的传播

Procopio 等（2007）认为，Twitter 等社交媒体在灾害发生后起到了重要作用。Stephens 等（2009）认为，危机过后当环境变化不可预测时公众会参与危机信息的发布和交换。Mills 等（2009）对两次地震的报道对比发现，Twitter 发布的相关消息比政府报道的消息要早。Cha 等（2010）根据用户行为特征建立了社交媒体用户转发数预测模型。Narayanam 等（2011）构建了基于线性阈值的信息传播模型来分析微博信息的传播。Zhang 等（2012）用聚类算法来分析社交媒体用户特征和规律。Kavanaugh 等（2012）发现社交媒体比其他媒体发布和传播信息都要及时和迅速，尤其是对于危机信息的发布和传播。Liu 等（2013）对 Facebook 用户进行访谈发现，用户好友对灾害的反应会影响其行动。

许敏、张雅勤、胡烽（2006）从纵向、横向、公众 3 个角度分析了我国危机信息沟通中存在的问题，并提出完善的路径。张淑华（2009）对“三鹿奶粉事件”和“阜阳奶粉事件”相关的危机信息传播进行分析，对比了两个事件危机信息传播趋势图，提出新媒体是加速危机信息传播的主要因素。孟威（2011）分析了社交媒体在英国骚乱期间传播危机信息给政府监管带来的问题和挑战，提出要重视新媒体在危机信息传播中的影响力，建立监管机制以避免新媒体对危机信息传播构成威胁。康伟、陈波（2013）对国外代表性的有关社会网络分析在危机管理中应用的文献进行整理发现：受社交媒体的影响，危机管理中应用社会网络分析的研究成为国外学者们关注的焦点，笔者在分析的基础上对未来危机管理中的研究趋势进行预测。薛可、王丽丽、余明阳（2014）用统计检验对比了雅安地震相关信息的大众对报纸、广播、电视等大众媒体和微信、微博等社交媒体的信任程度，发现大众的信任程度受信息类型的影响，同时也受媒体接触程度的影响。陈力丹、廖金英（2014）总结了10个新闻学研究的相关话题，认为未来大数据会影响新闻学的发展，社交媒体会影响突发公共危机事件的传播和解决。史波、翟娜娜、毛鸿影（2014）在新浪微博中通过模拟发布食品安全危机信息来验证受众受不同媒体信息策略的影响程度，得出信息类型不同受众的态度也不同。周庆安（2014）提出新浪微博等社交媒体对危机信息对国际传播带来的挑战，提出有效管理危机的建议。

综上所述，国内外学者对危机信息在社交媒体中的传播的相关研究越来越多，涉及管理学、传播学、社会学等多个学科的内容和研究方法。国外学者对危机信息社交媒体的研究一般都以Twitter为研究对象，国内学者大都以新浪微博为研究对象，研究的内容主要涉及政府对危机的应对策略、媒体在危机传播中的作用、危机发生后政府、媒体和大众之间的互动、危机传播的各阶段的特点、企业危机公关的策略等方面。但是对普通用户在危机信息传播中的作用、食品安全危机信息在社交媒体中传播的研究很少。

五　公共治理

科恩（1988）认为受到政策影响的公民都应该参与政策的制定过程，公民应该了解相关资讯积极参与其中。Terry（1991）认为政府官员应该鼓励大众参与公共物品和服务的提供过程，并且官员应帮助培育公民参与公共治理。Pocock（1995）解释了公民的新含义，即公民应该以积极通过协商等方式参与公共事务的决策，并应该服从共同做出的决策。鲍勃·杰索普（2000）分析了政府对公共问题治理能力不足时，应该建立一个新的社会化空间来进行弥补，以实现资源的更有效配置和保障经济利益。Crenson（2002）认为公共治理的内涵应该更广泛。Henson（2001）提出公共部门和私人个人、团体协作共同治理食品安全问题可以提高监管效率、降低食品安全风险，该模式被美国、澳大利亚、德国、新西兰等国家广泛认可。佩里等（2002）对整体性治理进行定义，认为公私部门之间的沟通和协调能达到治理的目标。Marian（2007）认为提高食品安全治理的有效途径是公私协作共同治理，该模式有利于各部门之间的沟通协作，同时可以解决政府监管部门监测指标限制、标准低、资金成本不足问题。Dreyer Marion 等（2010）指出为保障消费者参与食品安全治理，建议欧洲建立包含社会影响评价的食品安全治理机制。Cope 等（2010）认为消费者的个体特征会影响食品安全风险感知进而影响食品安全风险沟通机制，食品安全事件信息的传播会导致消费者信心受到打击。Dillaway（2011）发现媒体对食品安全危机事件的报道会影响消费者的支付倾向，知名品牌企业受食品安全危机事件的影响程度最严重。Dona（2011）等以 2008 年的爱尔兰猪肉事件为例，研究发现欧盟的食品安全网络治理机制是失效的。Corrado（2012）对公共咨询网的网络治理效果进行评价，指出了限制食品安全网络治理的因素。Elodie（2012）以法国的政府部门为主导，供应商、食品行业协会、社会大众共同参与的食品安全共同治理模式为例，分析了法国食品安全协同监管体系在降低食品安全风险和提高食品质量方面起到的作用。

任维德（2004）分析了公共治理的基本概念和内涵、社会基础以及实现途径，并提出推动我国实现公共治理的建议。朱德米（2004）概述了学术界有关治理的定义，公共治理的类型和模式，分析了欧洲网络状治理特点和应用以及存在的问题。秦利、王青松（2008）指出目前国内外食品安全监管方面存在的问题，建议从公共治理的视角解决食品安全问题，分析了食品安全治理体系和以往的食品安全监管体系的区别。高玮（2010）阐述了公共治理理论，分析了我国食品安全监管现状下引入公共治理理论的必然性，提出我国应建立基于公共治理理论的消费者、食品企业、政府三方合作的食品安全治理模式。吴淼（2011）认为我国农产品质量安全问题频出，最根本的原因是政府的激励机制无效，因此应建立有效的激励机制来减少农产品安全问题，利用惩罚等机制解决农产品治理安全问题。陶希东（2011）认为要解决我国的重大公共事件应该采用跨界治理，从地理学和管理学的角度解释跨界治理的内涵，最后提出协调政府和社会关系的对策。李建军（2012）将公共治理引入到转基因水稻的争论中，提出应该向公众公开信息，做好和公众的沟通有利于消费者对政府风险管理的信心恢复。陈剩勇、于兰兰（2012）对网络化治理的研究动态进行综述，分析网络化治理的必然性，最后指出网络化治理的内容、特色和缺陷以及对我国治理转型带来的启示。彭剑（2014）对比了社会化媒体和传统媒体的舆论引导的不同点，认为社会化媒体应该是公共参与治理的模式进行引导，从传播、内容、对象 3 个方面进行引导分析。

综上所述，国内外学者对公共治理的研究主要集中在公共治理的概念和内涵、类型、模式、社会基础、引入公共治理解决政府监管失灵的必然性等方面。利用网络媒体参与治理食品安全问题的研究目前比较少，以往将公共治理理论应用于食品安全治理方面的研究主要集中在监管效率和监管机制等定性研究方面，实证研究尤其是对大众参与食品安全危机治理的效果评价方面的研究相对较少。

因此本书的主要研究内容为在社交媒体的环境下，食品安全危机信息的传播特征和规律、信息传播路径、网络结构分析、传播节点类型、地域特征、短期和长期传播速度计算、食品安全危机信息在社交媒体中的传播对消费者、政府监管部门、食品企业、渠道商等各方的影响，并根据研究结论提出食品安全危机管理体系构建的对策和措施。

第三章　社交媒体信息传播内容和特征分析

第一节　中国网民规模及互联网普及率

根据第41次《中国互联网络发展状况统计报告》显示：我国网民规模在持续迅速提升，截止到2017年12月，中国网民的规模已经高达7.72亿，2017年一年增加网民4074万人，比2016年年底增加了2.6%。网民规模的不断扩大，意味着互联网在群众的生活中也越来越普及，普及率已达到55.8%，中国网民规模发展之快已经和欧洲的人口总量大体一致。在这样一个社交媒体环境的大背景下，社会上发生的突发事件，其舆论传播速度会更快、内容会更复杂、出现的问题也会更多，这为我们研究突发事件网络舆情传播创造了前提条件（见表3-1）。

表3-1　中国网民规模和互联网普及率

年份	网民数（万人）	普及率（%）
2011	51310	38.3
2012	56400	42.1
2013	61758	45.8
2014	64875	47.9
2015	68826	50.3
2016	73125	53.2
2017	77198	55.8

资料来源：根据《中国互联网络发展状况统计报告》第41次报告整理得来。

一　全国各地网民规模和互联网普及率现状

截至2016年12月，在我国31个省、自治区和直辖市中，网民数量超过千万规模的为26个，与2015年一样。其中，网民数量增速排名靠前的省份为江西省和安徽省，增长率分别为15.7%和13.6%。各省（区、市）的互联网普及率均有提升，普及率增长最多的为江西省，较2015年年底，足足增长了5.9个百分点（见表3－2）。

表3－2　2016年中国内地各省（区、市）网民规模及互联网普及率

省（区、市）	网民数（万人）	2016年12月底互联网普及率（%）	2015年12月底互联网普及率（%）	网民规模增速（%）	普及率排名
北京	1690	77.8	76.5	2.6	1
上海	1791	74.1	73.1	1.0	2
广东	8024	74.0	72.4	3.3	3
福建	2678	69.7	69.6	1.1	4
浙江	3632	65.6	65.3	1.0	5
天津	999	64.6	63.0	4.5	6
辽宁	2741	62.6	62.2	0.4	7
江苏	4513	56.6	55.5	2.2	8
山西	2035	55.5	54.2	3.0	9
新疆	1296	54.9	54.9	2.7	10
青海	320	54.5	54.5	0.8	11
河北	3956	53.3	50.5	6.0	12
山东	5207	52.9	48.9	8.7	13
陕西	1989	52.4	50.0	5.5	14
内蒙古	1311	52.2	50.3	4.1	15
海南	470	51.6	51.6	0.9	16
重庆	1556	51.6	48.3	7.6	17
湖北	3009	51.4	46.8	10.5	18
吉林	1402	50.9	47.7	6.7	19

续表

省（区、市）	网民数（万人）	2016 年 12 月底互联网普及率（%）	2015 年 12 月底互联网普及率（%）	网民规模增速（%）	普及率排名
宁夏	339	50.7	49.3	3.7	20
黑龙江	1835	48.1	44.5	7.5	21
西藏	149	46.1	44.6	5.5	22
广西	2213	46.1	42.8	8.8	23
江西	2035	44.6	38.7	15.7	24
湖南	3013	44.4	39.9	12.2	25
安徽	2721	44.3	39.4	13.6	26
四川	3575	43.6	40.0	9.7	27
湖南	4110	43.4	39.2	11.0	28
贵州	1524	43.2	38.4	13.2	29
甘肃	1101	42.4	38.8	9.6	30
云南	1892	39.9	37.4	7.4	31
全国	73125	53.2	50.3	6.2	—

资料来源：根据中国报告大厅研究报告——数据中心整理得来。

二　手机网民成为网民规模的主力军

随着社会和科技的发展，网民连接互联网上网的设备也变得越来越多样，主要有手机、电视、台式电脑、平板电脑和笔记本电脑。近几年，手机的优势已越来越明显：它具备无线接入互联网的能力；具有开放性的操作系统，可以安装更多的应用程序；具有人性化和扩展性强的特点。因此手机网民已成为网民规模的主力军，且使用手机上网的网民在数量上一直都在持续增加。到 2017 年 12 月底，我国手机网民数量已经飞速发展到 7.53 亿人，2017 年比 2016 年手机网民增加了 5734 万人，2016 年比 2015 年增加了 7550 万人，最近几年手机网民的数量以每年几千万人的速度飞速增长，使用手机上网的比例占上网总人数的 97.5%（见图 3－1）。

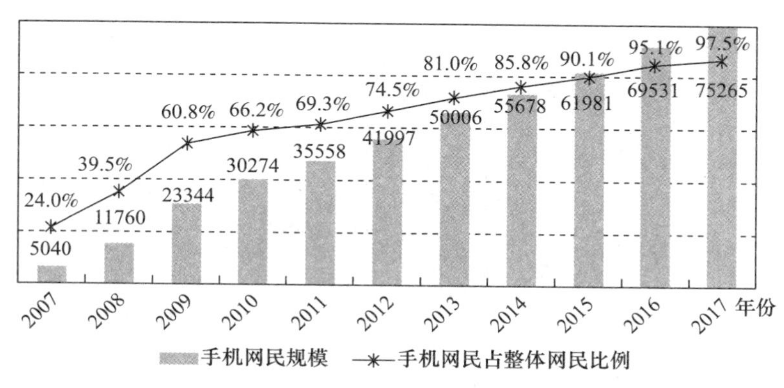

图 3－1　中国手机网民规模及其占网民比例

资料来源：根据中国报告大厅研究报告——数据中心整理得来。

使用手机上网的网民数量一直持续快速增长，智能电视也在逐步进入到群众的生活中，同样使用电视上网的网民规模也在增长。相比之下，使用台式电脑、笔记本上网的比例则呈现出继续下降的趋势。2017 年 12 月底的统计数据显示，我国网民使用手机上网的比例为 97. 5%，手机上网人数占总网民人数的比例最近几年每年都在以 3% 以上的速度增长，但是使用台式电脑上网的比例最近几年持续下降，下降的速度在 5% 左右，使用笔记本电脑上网的比例下降的速度在 3% 左右，网民中每年使用电视上网的人群比例增长迅速，2017 年已经高达 28. 2%（见图 3－2）。

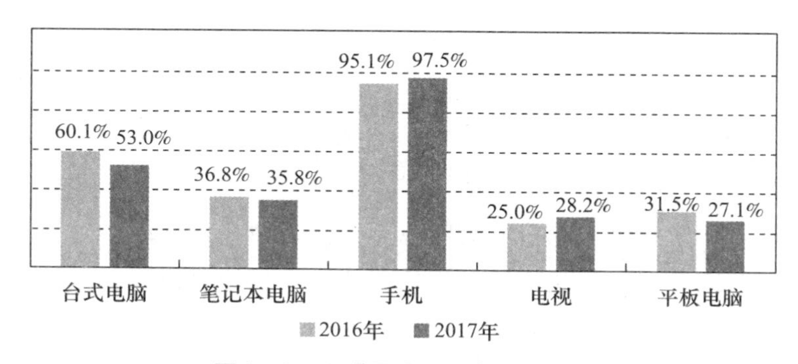

图 3－2　互联网连入设备使用情况

资料来源：根据中国报告大厅研究报告——数据中心整理得来。

根据中国互联网网络信息中心发布的《2014 年中国社交类应用用户行为研究报告》可知，社交类应用包括微博、即时通信工具、狭义的社交网站（基于用户线下社交关系而形成的用户之间交流沟通的社交网站，主要包括 QQ、人人网、开心网等），数据表明：截至 2014 年 6 月 30 日，以上三类应用中微博的用户覆盖率（指过去半年使用过微博的人数占网民总数的比例）为 43.6%，社交网站为 61.7%，即时通信高达 89.3%。从使用目的看，微博主要功能是用户进行社会热点问题的关注和参与，更偏重信息传播和各类信息咨询的获取，而即时通信工具和社交网站的功能主要是用来朋友之间的交流、沟通和互动、发布状态和评论。三类应用中微博的社交媒体属性尤其凸显。用户中有 33.7% 对以上三类应用工具同时使用，重合度比较高，从用户的个体特征来看，即时通信工具用户相对微博和社交网站用户年龄较大，微博用户相对其他两类用户在收入和学历上偏高，也更年轻化，社交网站的用户收入和学历相对较低。报告同时显示用社交类应用用户获取新闻资讯的渠道已经转变为微博、新闻资讯类网站和社交网站并存的格局，随着移动互联网的迅速发展，信息搜索已经实现了随时随地任意搜，微博作为信息发布交流的平台在热点事件、实时新闻搜索方面的重要性得以凸显，21% 的用户通过微博获取新闻信息和了解社会热点问题，微博中信息的传播速度较即时通信工具和社交媒体更快。2014 年微博已经成为大众获取和传播信息的主要渠道，政府、很多企业和公众人物都已经开始利用微博进行舆论引导。根据尼尔森网发布的移动社交用户需求与行为调研报告，截至 2014 年 4 月，全球共有社交媒体活跃用户 18.6 亿人，占到互联网用户总数的 70% 以上，2009—2013 年，消费者在传统媒体上花费的时间逐年下降，而在社交媒体上花费的时间逐年攀升。过去几年社交媒体行业在中国蓬勃发展，社交媒体用户数量和每天花费在社交媒体上的时间都在不断地增长，社交媒体用户占中国人口总数的 46% 以上，社交媒体用户每天花费在社交媒体上的时间平均为 1.5 小时。

第二节 传播内容分析

本次调查的主要问题为询问社交媒体用户的个体特征、信息获取渠道、对危机的关注程度等。调研主要目标是了解用户对社交媒体功能的认知、社交媒体中信息传播内容、危机信息在社交媒体中的传播情况。本次调查所用数据资料来源于2014年4月1—30日在问卷星网站上发布的公开问卷，共收回问卷482份，其中有效问卷460份，问卷有效率为95.44%。

从表3-3中可以看出，被调查者个体特征包括性别、年龄、受教育程度。在被调查者中女性占55.22%，男性占44.78%，女性比例比男性比例高出10.44个百分点，说明女性通过社交媒体与好友进行的交流更多，关注热点新闻和转发他人信息更频繁，而男性一般更关注政治和时事相关的信息，通过社交媒体联系的好友数量比女性更少。社交媒体用户中年龄在30岁以下的用户占到70.66%以上，60岁以上用户仅占1.30%，10—20岁的用户占的比例最大，为34.13%，10岁以下用户占到4.57%，说明社交媒体用户年龄呈年轻化趋势。从社交媒体用户受教育程度看，本科学历的用户所占比例为36.96%，大专及以上用户占62.82%，高中及以下学历占37.18%，硕士及以上学历的只占3.04%。从调查结果看，大众获取信息的渠道呈现多元化趋势，57.39%的用户更倾向于通过网络获取信息，通过网络获取信息不但便捷、及时，而且用户还可以参与话题的讨论，通过和其他用户的交流获取更多的相关信息，因此网络成为大众获取信息的最重要的媒体，大众在报纸、广播等传统媒体上花费的平均时间越来越短。当食品安全危机事件发生后，消费者一般都选择通过搜索引擎获取相关的信息，了解事件发展的动向和相关部门对事件的调查、报道和通报，同时消费者也通过社交媒体对食品安全事件表达自己的疑惑、愤怒等情绪。88.91%的用户几乎每天都会用社交媒体，说明社交媒体的用户黏性是非常高的，用户中很少使用社交媒体的只占到1.09%。60%以上的用户每天花费在社交媒体上的时间都超过了一小时，33.04%的用户每天的花费时间超过2个小时，说明社交媒体已经成了大众生活的一部分，调查结果显示有66.08%的用户认为社交媒体对自己非常重要。用户经常使用到的信息传播工具有微博、QQ、微信等，而微信主要是用来作为即时通信工具、关注朋友圈、和好友进行语音和文字聊天，QQ一般是用来发布状态、日志或者评论、照片等，微信和QQ主要是用户和好友进行沟通交流的工具，在表3－3所列的社交媒体中，微博的社交媒体功能最为明显，微博主要是用来对新闻和热点话题的关注和传播、分享转发信息、玩游戏等，微博用户中有80.22%的用户通过微博关注新闻和热点话题，最主要的原因是微博话题的关注度高，反应及时，传播快速，微博对虚假消息辟谣的功能也使大众对其信息的权威性更信任，当危机事件出现后，微博一般都会成为相关信息的发布源头，对危机事件的传播速度和深度也比其他媒体有优势。从行为搜索上看，在各类危机中，有82.17%的受访者对食品安全危机最为关注，流行疾病类危机相对受关注程度也较高，一般在相关的信息发布几个小时之内都会收到相关信息。特别是近年来食品安全危机事件频发，因此消费者在涉及自己切身利益的情况下，对食品安全危机信息的关注越来越多。60%以上的用户在危机发生后几个小时内就通过社交媒体收到了危机相关的信息，而超过一周未收到相关信息的用户只占到了1.09%，说明现在消费者面对的信息的数量日益增多，在传播速度日益加快的信息时代，信息渠道越多，信息环境越好，消费者就越容易得到食品安全危机信息，并能及时传播危机信息，而所有危机信息中，消费者最关注的是食品安全类危机信息，一旦收到，会在第一时间内传播给亲人、朋友等社交媒体工具联系人。社交媒体用户向联系人发送食品安全危机类信息的目的基本都是为了告知对方食品安全事件并提醒对方注意安全，有接近60%是为了提醒对方注意安全，而仅为了传播一则新闻的只占4.78%。通过向联系人发送危机信息，可以提高联系人对危机信息的关注和了解。

表3-3　　　　社交媒体传播内容问卷结果汇总

特征	分类	样本数	比例（%）
性别	男	206	44.78
	女	254	55.22
年龄	10岁以下	21	4.57
	10—20岁	157	34.13
	20—30岁	147	31.96
	30—60岁	129	28.04
	60岁以上	6	1.3
获取信息的媒体	电视	124	26.95
	广播	18	3.91
	报纸	13	2.83
	面对面交流	41	8.91
	网络	264	57.39
使用社交媒体频率	很少	5	1.09
	每周两三天	14	6.44
	每周有四五天	32	6.96
	几乎每天	409	88.91
经常使用的信息传播工具（多选）	微博	193	41.96
	微信	409	88.91
	天涯论坛	119	25.87
	朋友网	64	13.91
	人人网	73	15.87
	QQ	363	78.91
	其他	19	4.13

特征	分类	样本数	比例（%）
受教育程度	初中及以下	97	21.09
	高中/中专	74	16.09
	大专	105	22.82
	本科	170	36.96
	硕士及以上	14	3.04
每天在线时间	0.25小时以下	14	3.04
	0.25—0.5小时	64	13.91
	0.5—1小时	101	21.96
	1—2小时	129	28.04
	2小时以上	152	33.04
社交媒体的重要性	不重要（一般）	13	2.83
	比较重要	143	31.09
	非常重要	304	66.08
微博的功能（多选）	关注新闻/热点话题	369	80.22
	关注感兴趣的人	312	67.83
	分享转发信息	276	60
	发照片、看视频、听音乐	239	51.96
	玩游戏	139	30.22
	其他	14	3.04

续表

特征	分类	样本数	比例（%）	特征	分类	样本数	比例（%）
从微博获取热点话题的原因	对话题的反应及时	170	36.96	微博对社会的影响	使热点话题传播更快	220	47.83
	话题关注度高	138	30		发表个人意见的平台	106	23.04
	快速传播触达用户	55	11.96		推动公益事业	28	6.09
	事件/话题发展脉络清晰	83	18.04		政务更透明	36	7.82
	事件相关机构或企业反应及时	14	3.04		企业和消费者的沟通桥梁	70	15.22
发送危机信息的频率	每天 1 次以上	38	8.26	危机信息发送对象（可多选）	亲人	347	75.43
	一两天 1 次	107	23.26		同学	312	67.83
	每周 1 次	245	53.26		朋友	404	87.83
	每月 1 次	46	10		网友	142	30.86
	每年 1 次甚至更少	24	5.22		工作伙伴	188	40.87
关注危机信息类型（多选）	自然灾害类	238	51.74	关注的危机信息类型（多选）	流行疾病类	296	64.35
	艳照丑闻类	139	30.22				
	食品安全类	377	82.17		经济危机	219	47.61
发送危机信息目的	告知危机事件	151	32.83	收到危机的时间	几个小时之内	285	61.96
	提醒对方注意安全	273	59.35		一天之内	131	28.47
	仅为传播一则新闻	22	4.78		一周之内	39	8.48
	其他	14	3.04		未收到	5	1.09

对调查问卷中“搜索到食品危机信息的时间”和“信息转发人群”进行交叉分析，统计结果如表 3－4 所示。从调查结果可以了解，受访者大都在危机发生后短时间内就收到危机相关的信息，说明网络已经成为消费者获取信息的主要途径，消费者获取食品安全危机信息，在短时间内会把相关的信息转发给亲人、朋友等，促进了食品安全信息的进一步传播，因此如何有效维护公众的健康和安全，完善食品安全公共责任管理机制，保障大众的食品安全责任问题，成为大众和各级政府部门最关心的热点问题。

表 3-4 交叉分析数据统计

X\Y	亲人	同学	朋友	网友	工作伙伴	小计
几小时内	103(36.14%)	58(20.35%)	121(42.45%)	1(0.35%)	2(0.7%)	285
一天以内	82(62.59%)	15(11.45%)	32(24.43%)	0(0%)	2(1.53%)	131
一周之内	26(66.67%)	3(7.69%)	6(15.38%)	0(0%)	4(10.26%)	39
未收到	0(0%)	4(80%)	0(0%)	1(20%)	0(0%)	5

第三节 传播特征分析

随着网络技术的飞速发展和社交类应用的不断普及，以微信、微博为代表的社交媒体已经颠覆了传统媒体的传播模式而成为热点事件、观点和新闻信息的传播来源，信息的裂变、全方位、海量传播方式也在不断改变大众的生活。近年来，通过微博、微信等社交媒体发酵的社会热点事件如“福喜问题肉事件”“MH370 失联事件”“APEC 蓝”等体现了社交媒体在探究事件真相、传播事件进展过程中举足轻重的作用，尤其是 2013 年以来的影响力较大的热点事件，基本都是社交媒体或者经过社交媒体发酵后影响不断扩大的，社交媒体加大了人们对公众事件参与的积极性和可能性，推动了热点事件的发展。

一 危机发生后信息传播实现“零时间”

在各种公共危机类型中，食品安全危机因为涉及所有消费者的安全和健康所以最受关注，危机发生后相关信息在社交媒体中一触即发，实现了“零时间”传递，危机事件发生后政府对事件的调查处理态度和方式、事件的进展情况、受害范围及受害人的救治情况、涉及的食品企业采取的应对措施等情况成为大众关心的焦点问题，社交媒体用户中，每个用户都可以参与信息发布、讨论、转发，因此微博等社交媒体平台对危机事件进行实时信息的发布或转发成为最重要的信息传播平台。在各类社交媒体中，微博以其快速响应能力和速度获得了用户的认可，因此微博成为各类热点事件的源头，当任意用户发现自认为有价值的“新闻”事件后，一般会选择通过微博发布，如果该微博被其他用户大量转发该事件很可能会发酵成为热点事件，在发酵过程中的每个参与者都成为信息传播的节点对该事件进行传播和扩散。

人们除了利用现有的社交媒体平台外，还会去选择官方平台，例如具有高稳定性的各省市食品药品监督管理平台。官方网站平台发布的食品安全信息更具有可靠性、及时性；表3－5列举了一些地

表3－5　国家食品药品监督管理局2017年部分被曝光食品安全问题

1	2	3	4	5	6	7
水产制品74批次，不合格样品1批次；肉制品99批次，不合格样品1批次；糕点148批次，不合格样品2批次；粮食加工品146批次，饮料95批次，薯类和膨化食品116批次，茶叶及相关制品62批次，均未检出不合格样品	饮料150批次，不合格样品2批次；淀粉及淀粉制品45批次，不合格样品1批次；食用油、油脂及其制品96批次，肉制品150批次，炒货食品及坚果制品61批次，水产制品113批次，均未检出不合格样品	水果制品46批次，不合格样品3批次；糕点95批次，不合格样品5批次；茶叶及相关制品79批次，不合格样品1批次；粮食加工品149批次，乳制品126批次，罐头119批次，冷冻饮品51批次，速冻食品15批次，蛋制品53批次，豆制品101批次，均未检出不合格样品	水产品专项检查和抽样检验468家水产品经营单位，随机抽取了近年来抽检监测发现问题较多的大菱鲆（多宝鱼）、乌鳢（黑鱼）、鳜鱼等鲜活水产品808批次。检验结果合格739批次，合格率91.5%，检出不合格样品69批次	蔬菜制品113批次，不合格样品3批次；饮料119批次，不合格样品2批次；饼干120批次，不合格样品1批次；肉制品151批次，不合格样品4批次；调味品118批次，乳制品161批次，糖果制品115批次，均未检出不合格样品	食用油、油脂及其制品93批次，不合格样品1批次；蔬菜制品58批次，不合格样品2批次；水产制品79批次，不合格样品2批次；方便食品84批次，薯类和膨化食品104批次，茶叶及相关制品39批次，酒类76批次，炒货食品及坚果制品69批次，蜂产品64批次，均未检出不合格样品	饮料91批次，不合格样品1批次；炒货食品及坚果制品108批次，不合格样品1批次；蔬菜制品117批次，不合格样品2批次；水产制品50批次，不合格样品2批次；肉制品87批次，不合格样品2批次；酒类132批次，不合格样品3批次；饼干54批次，未检出不合格样品

资料来源：国家食品药品监督管理总局官方网站。

区国家食品药品监督管理总局官方网站曝光栏中2017年部分被曝光的食品安全问题数量（具体不合格产品名称本节不再赘述）。

通过表3－5所列数据，可以得出官方媒体报道的食品安全问题，覆盖范围广泛，食品类别多样，清查时间密集，公众通过官方平台更容易获取一手资料，直接了解食品安全最新情况，更好地参与到食品安全治理环节中。此外，还可以利用具有区域重大影响力的新闻媒体如当地的日报、晚报、时报等，发布区域食品安全信息。

二 信息聚合与共享

微博在信息的传播速度、深度、热点事件/话题的发展脉络清晰程度、事件发生后相关部门和个人的反应及时性等方面都获得了用户的一致认可，另外新浪微博对谣言等有害信息的监测和处理的速度也使用户信任度增加，因此，微博作为信息聚合和共享的平台，每个用户既是信息的创造者又是信息的传播者，每个用户信息获取和传播的能力都得到了空前的提升，在微博中，用户之间可以是现实中的朋友，也可以是陌生人之间因为关注同类的信息而进行互动，同类信息不断地汇聚又被传播到不同的用户，形成了信息的聚合和集散，颠覆了传统的信息传播模式。随着社交媒体用户的不断增加，每个用户都有话语权，对于危机事件的传播一触即发，社交媒体成为各类危机事件传播的源头和放大器。社交媒体的信息传播方式不但改变着大众的信息获取途径和方式，同时也渗透和改变着大众的生活，大众对各类信息传播的关注和参与同时也影响事件的发展和解决进程。

三 发布平台多样化

目前，社交媒体已经实现了发布平台多样化，社交媒体用户通过微信、微博、人人网等工具实时向外传播信息，移动互联使信息发布更方便，社交媒体已经成为用户获取信息的主要途径，也影响了传统媒体的信息传播，随着技术的发展，视频和音频等内容在互动的平台上创造和获取，社交媒体会以更多的形式出现和发展。

综合来看，以微博为代表的社交媒体和其他传播方式相比具有明显的优势。凭借这种优势，微博信息传播的“零时间”、信息的聚合和共享能力、发布平台多样化等特点获取了众多用户的信赖，社交媒体在信息传播方面已经成为探究事件背后真相、维护弱势群体利益、揭露社会腐败现象和行为、企业与用户之间互动、推动政府相关职能部门及时解决问题的有效工具，是推动社会进一步良性发展的新的助力。

第四章　食品安全危机信息在社交媒体中的传播规律和机制研究

第一节　食品安全危机信息在社交媒体中的传播规律

本章对2011—2014年发生的典型食品安全危机事件进行分析（见表4－1），通过分析对比寻找食品安全危机信息在社交媒体中的传播规律。通过第三章的分析可知，各类社交媒体中微博的社交媒体的属性最为凸显，同时微博已经成为大众获取热点新闻的重要来源，本书选取新浪微博作为社交媒体代表进行研究，分析食品安全危机信息在新浪微博中的传播特征和规律。

表4－1　　2011—2014年典型食品安全危机事件相关报道

危机事件	开始日期	上升期	达到峰值日期	最早相关报道日期	最早相关报道来源
瘦肉精事件	2011年3月15日	2011年3月16日	2011年3月17日	1998年5月5日	东方日报
染色馒头	2011年4月11日	2011年4月12日	2011年4月13日	2011年4月11日	央视“消费主张”报道
毒豆芽	2011年4月17日	2011年4月18日	2011年4月20日	2009年11月12日	东亚经贸新闻
地沟油	2011年9月13日	2011年9月13日	2011年9月14日	2010年3月18日	广州日报
酸奶明胶	2012年4月15日	2012年4月15日	2012年4月21日	2004年3月2日	央视国际

续表

危机事件	开始日期	上升期	达到峰值日期	最早相关报道日期	最早相关报道来源
毒胶囊	2012年4月15日	2012年4月15日	2012年4月19日	2012年4月15日	央视“每周质量报告”报道
农夫山泉事件	2013年3月8日	2013年3月9日	2013年3月10日	2011年7月21日	搜狐新闻
费列罗质量门	2013年4月10日	2013年4月11日	2013年4月12日	2010年10月15日	青岛新闻网
福喜问题肉	2014年7月20日	2014年7月21日	2014年7月23日	2011年3月29日	央视“消费主张”报道

从表4－1中可知，“瘦肉精事件”爆发于2011年3月15日央视对双汇集团“瘦肉精”事件的曝光，但是早在1998年5月5日，香港《东方日报》就报道过因食用内地供应的猪内脏而造成17人“瘦肉精”中毒，揭开了“瘦肉精”对我国消费者危害的黑幕。我国内地发生的第一例“瘦肉精”中毒事件发生在1998年，但是在此前对猪肝已经检测出“瘦肉精”。1999年4月上海两名运动员因被查出使用含有“瘦肉精”的肉品被禁赛。2001年1月浙江余杭发生因食用“瘦肉精”猪肉59人中毒事件，同年8月浙江桐庐县又有180多人食用“瘦肉精”猪肉中毒，2001年11月又发生两起因食用“瘦肉精”中毒事件，其中一起是广东河源市484人中毒，另一起是北京市14人中毒，随后北京市卫生局在市场上对部分生猪进行抽检，结果“瘦肉精”的检出率为25%。2003年3月和11月各发生两起因食用“瘦肉精”猪肉引起的中毒事件。2006年3月1日东莞黄江镇一家6口“瘦肉精”中毒，其中一人于19日晚死亡。同年9月，上海“瘦肉精”中毒住院人数达到300多人，范围涉及9个区，影响范围非常广。2009年2月广州又有70多人因食用“瘦肉精”中毒。1998—2009年期间就发生过19起“瘦肉精”中毒事件，中毒人数超过1700多人。但是直到2011年3月15日央视

报道后才引起大众的广泛关注，从以上报道的时间来看，“瘦肉精”问题十多年都没有解决。

对毒豆芽的报道最早来自 2009 年 11 月 12 日东亚经贸新闻对长春黑作坊生产“毒豆芽”的报道，2010 年 5 月，兰州新闻网报道了“毒豆芽”使用的添加剂可致癌。同年 12 月郑州也出现“毒豆芽”，2011 年 5 月沈阳 3 天共查获毒豆芽 40 吨，2013 年 12 月 15 日燕赵都市网曝光了邯郸一黑作坊被查出生产“毒豆芽”，2014 年 12 月网易新闻报道了江门蓬江公安分局缴获 1.4 万斤“毒豆芽”，2013—2014 年两年，全国因“毒豆芽”案件被判刑的人数就超过一千人，案件数量 700 多件。

地沟油的报道最早来自 2010 年 3 月 18 日《广州日报》关于“地沟油”整个生产制作过程、食用地沟油的危害等。2011 年 9 月，公安部破获了涉及 14 省的“地沟油”犯罪网络，查获油品 3200 多吨，2012 年 5 月，《经济参考报》曝光了浙江金华地沟油产业链，2013 年 6 月 12 日，内蒙古新闻通报了奈曼旗警方查获的首例地沟油案件，2013 年 11 月 16 日，中国财经报道了关于地沟油变身困局的报道。

酸奶明胶的报道最早是 2004 年 3 月 2 日央视国际对明胶的加工过程、销售去向、对人体危害的曝光，2009 年 5 月，《北京科技报》曝光了山东博兴用废料加工的明胶，2010 年 12 月，城市新报也发布过废旧皮革加工成明胶的报道，2012 年 4 月 9 日，央视每周质量报告曝糖果、酸奶、果冻等可能含有废弃皮革做成的明胶。

对农夫山泉的报道最早是 2011 年 7 月 21 日搜狐新闻中报道的农夫山泉水中含有虫卵，2013 年 3 月，农夫山泉被连续曝出含有不明物、悬浮物等消息使农夫山泉陷入“质量门”。2013 年 4 月《京华时报》连续多次对农夫山泉水不符合质量标准进行报道。

2010 年 10 月 15 日，青岛新闻网关于费列罗巧克力含有蛆虫的报道，2012 年 10 月 16 日，鲁网关于费列罗巧克力含有虫子，2013 年 4 月 13 日，第一金融网关于费列罗巧克力含有活蛆的报道，2012

年 11 月 2 日，国家标准样品网关于费列罗巧克力上有虫子的报道，2014 年 5 月 30 日，《经济导报》关于费列罗巧克力再曝质量问题的报道，2014 年 6 月 3 日大众网报道：费列罗巧克力在保质期内再现虫子，2014 年 10 月 16 日，青年报关于费列罗巧克力莫名长虫的报道。

福喜问题肉的首次报道来自 2011 年 3 月 29 日的央视消费主张报道，2014 年 7 月 20 日上海电视台曝光了福喜食品公司使用过期肉的行为。

从以上典型食品安全危机事件的报道可以发现，部分食品安全问题从首次报道到发展成食品安全事件经历了很长时间，而染色馒头问题、毒胶囊问题被曝光后随即演变成了食品安全事件，通过对比总结规律发现，我国的微博平台是 2009 年 8 月新浪微博开始内测，9 月 25 日才添加了转发、评论等功能，腾讯微博 2010 年 4 月之后才开始运行，最近几年各类微博平台上的用户才爆发性地增长，改变了大众的信息获取方式和沟通方式，在微博、微信等平台出现之前，大众获取信息是通过传统媒体，而传统媒体对危机的报道需要层层审核，对危机的发布以化解危机管理为己任，而大众只是信息的被动接收者，所以在微博等社交媒体成为大众获取信息最重要的渠道之前，食品安全问题被曝光的渠道少，信息传播速度慢，2011 年开始食品安全问题成为微博等社交媒体平台用户关注的热点，而且关注程度越来越高，可见社交媒体的出现改变了食品安全危机信息传播的模式。目前，食品安全问题曝光的源头和渠道越来越多样化，因此政府监管部门应该进行多渠道信息监测，及时发现问题，结合传统媒体和社交媒体等各种媒体的力量，从大众的需求出发，做到信息透明，提供科学知识，传递各方声音和态度，对事件进行专题报道和解读，持续引导舆论，营造积极健康的舆论环境（如表 4－2 所示）。

表4-2 典型食品安全危机事件在新浪微博中的传播速度

危机事件	开始日期	微博发布时间	前10分钟评论	前10分钟转发	10—20分钟评论	10—20分钟转发	20—30分钟评论	20—30分钟转发	24小时评论	24小时转发
瘦肉精	2011年3月15日	09：30	132	288	142	502	173	397	4198	14595
染色馒头	2011年4月11日	22：28	141	512	219	829	224	638	2998	11255
毒豆芽	2011年4月18日	20：50	123	93	85	257	55	253	702	2314
地沟油	2011年9月13日	21：14	10	22	6	15	1	25	387	1126
酸奶明胶	2012年4月15日	23：40	131	357	152	41	370	179	907	3260
毒胶囊	2012年4月15日	14：10	301	676	205	496	153	352	5963	25174
农夫山泉	2013年3月8日	22：51	6	13	5	19	7	39	5077	19226
费列罗质量门	2013年4月10日	14：18	204	293	163	287	111	135	13841	38427
福喜问题肉	2014年7月20日	20：59	635	1584	484	1395	321	987	16418	91495

2011年3月15日9点30分中央电视台每周质量报告通过其官方微博发布的“双汇公司使用‘瘦肉精’猪肉”：在南京，许多市场都在销售几乎看不到肥肉的“健美”猪肉，记者调查发现，这些“健美猪”竟然都是用“瘦肉精”喂成的。只要猪贩交点钱，这些“瘦肉精”猪肉，就能顺利通过层层监管环节，而大部分“瘦肉精”猪肉，都流进了双汇公司。该新闻发出后共有4759条评论，被转发15395次。9点32分第一条评论出现，9点38分该微博被第一次转发，该微博发出后仅10分钟之内就有评论132条，被转发288次；9点40分至9点50分，共有评论142条，转发502次；9点50分至10点，评论173条，转发397次。在该新闻发出的半个小时之内，共有447条评论，被转发1187次，平均每分钟评论14.9条，转发39.57次，24小时之内评论4198条，转发14595次。截至2014年12月31日，该微博被转发15378次，评论4758条，微博发出后24小时内转发占总次数的94.91%，24小时内评论占总评论数的88.23%。图4-1为该微博发出后至2014年12月31日的传

播示意图。

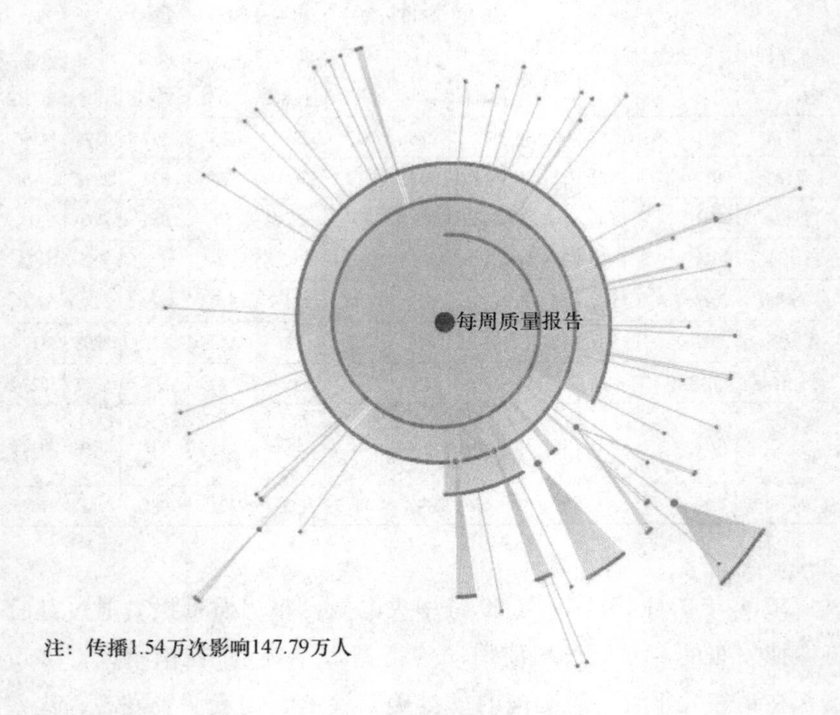

图4－1 “瘦肉精事件”传播

2011 年 4 月 11 日 22 点 28 分，新浪财经官方微博发布：上海华联等超市多年销售染色馒头的微博后，共有 3264 条评论，被转发 12132 次。该微博发出 10 分钟之内有 141 条评论，被转发 512 次，微博发出后第 10—20 分钟内共有 219 条评论，被转发 829 次，第 20—30 分钟内有 224 条评论，共转发 638 次，半个小时之内平均每分钟评论 19. 47 条，转发 65. 97 次，24 小时之内评论 2998 条，转发 11255 次。截至 2014 年 12 月 31 日，该微博被转发 12127 次，评论 3264 条，微博发出后 24 小时内转发占总次数的 92. 81%，24 小时内评论占总评论数的 91. 85%。图 4－2 为该微博发出后至 2014 年 12 月 31 日的传播示意图。

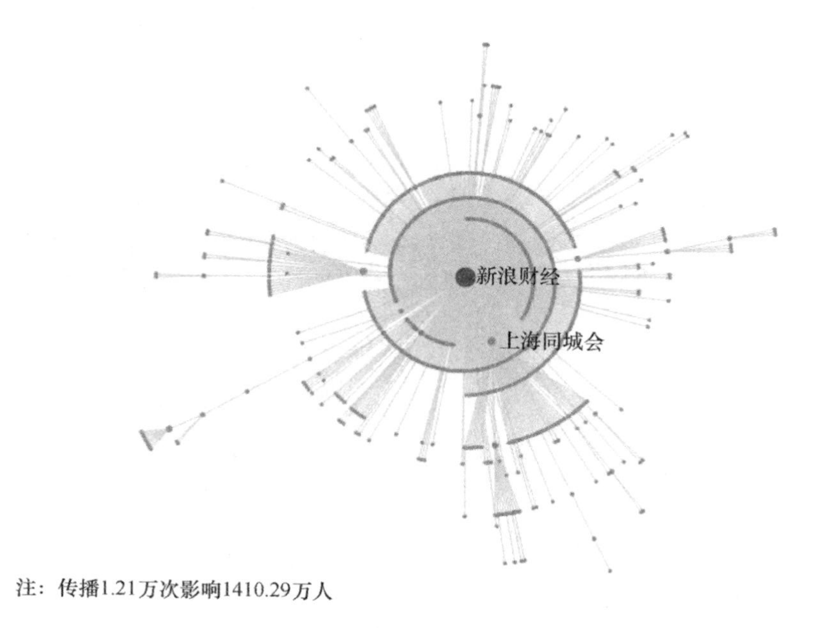

注：传播1.21万次影响1410.29万人

图 4－2 “染色馒头事件”传播

财经网官方微博 2012 年 4 月 18 日 20 点 50 分发布，黄豆芽也有毒，沈阳公安查获毒豆芽黑加工点，被转发 3086 次，评论 792 条，该微博发出 10 分钟之内有 123 条评论，被转发 93 次，微博发出后第 10—20 分钟内共有 85 条评论，257 次转发，第 20—30 分钟内共有 55 条评论，253 次转发，半个小时之内平均每分钟评论 8. 77 条，转发 20. 1 次，24 小时之内评论 702 条，转发 2314 次。截至 2014 年 12 月 31 日，该微博被转发 3087 次，评论 793 条，微博发出后 24 小时内转发占总次数的 74. 96%，24 小时内评论占总评论数的 88. 52%。图 4－3 为该微博发出后至 2014 年 12 月 31 日的传播示意图。

北大陈浩武发布：济南格林生物能源公司收购地沟油，共有评论 496 条，转发 1289 次，该微博发出 10 分钟之内有 10 条评论，被转发 22 次，微博发出后第 10—20 分钟内共有 6 条评论，15 次转发，第 20—30 分钟有 1 条评论，25 次转发，半个小时之内平均每

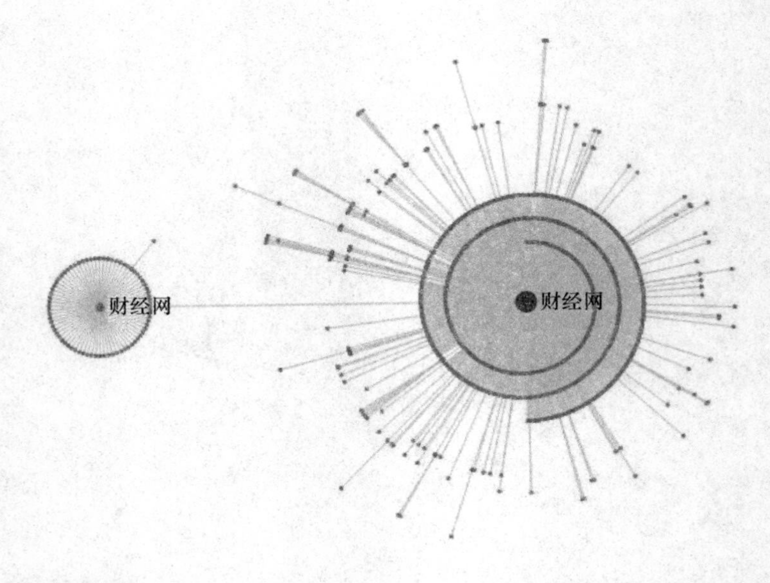

注：传播3087次影响1400.2万人

图 4-3 “毒豆芽事件”传播

分钟评论 1.06 条，转发 2.2 次，24 小时之内评论 387 条，转发 1126 次。截至 2014 年 12 月 31 日，该微博被转发 1290 次，评论 496 条，微博发出后 24 小时内转发占总次数的 87.29%，24 小时内评论占总评论数的 78.02%。图 4-4 为该微博发出后至 2014 年 12 月 31 日的传播示意图。

新浪财经官方微博 2012 年 4 月 15 日 23 点 40 分发布微博：老酸奶中含有明胶，转发 3347 次，评论 912 条。该微博发出 10 分钟之内有 131 条评论，被转发 357 次，微博发出后第 10—20 分钟内共有 152 条评论，41 次转发，第 20—30 分钟有 370 条评论，179 次转发，半个小时之内平均每分钟评论 21.77 条，转发 19.23 次，24 小时之内评论 907 条，转发 3260 次。截至 2014 年 12 月 31 日，该微博被转发 3349 次，评论 913 条，微博发出后 24 小时内转发占总次数的 97.34%，24 小时内评论占总评论数的 99.34%。图 4-5 为该微博发出后至 2014 年 12 月 31 日的传播示意图。

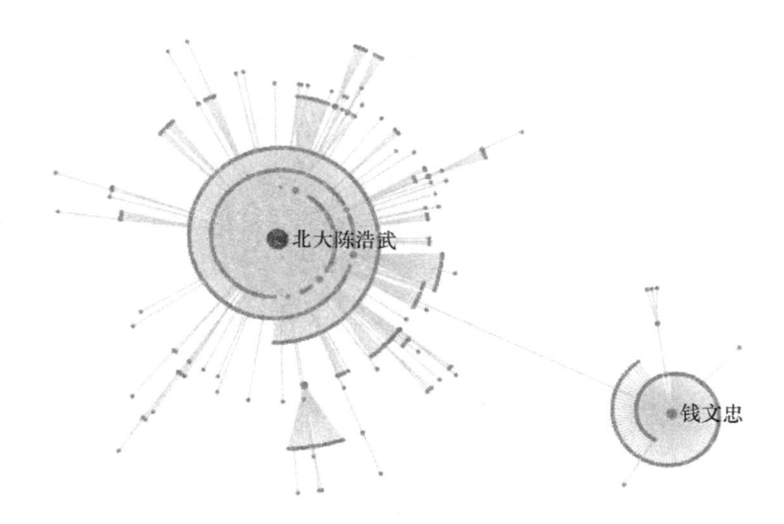

注：传播1290次影响720.23万人

图 4－4 “地沟油事件”传播

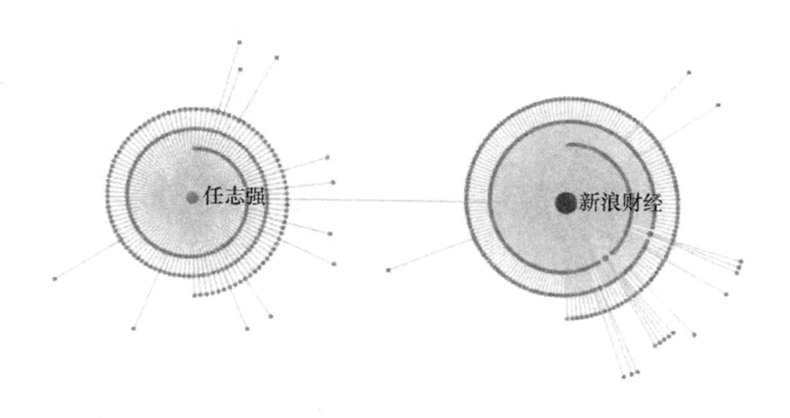

注：传播3349次影响4144.03万人

图 4－5 “酸奶明胶事件”传播

新浪新闻中心头条新闻 2012 年 4 月 15 日 14 点 10 分发布，药用胶囊厂用皮革废料所生产明胶作原料，共被转发 28895 次，评论 6274 条。该微博发出 10 分钟之内有 301 条评论，被转发 676 次，微博发出后第 10—20 分钟内共有 205 条评论，496 次转发，第 20—30 分钟内共有 153 条评论，352 次转发，半个小时之内平均每分钟评论 21. 97 条，转发 50. 8 次，24 小时之内评论数 5963 条，转发 25174 次。截至 2014 年 12 月 31 日，该微博被转发 28887 次，评论 6275 条，微博发出后 24 小时内转发占总次数的 87. 15%，24 小时内评论占总评论数的 95. 03%。图 4－6 为该微博发出后至 2014 年 12 月 31 日的传播示意图。

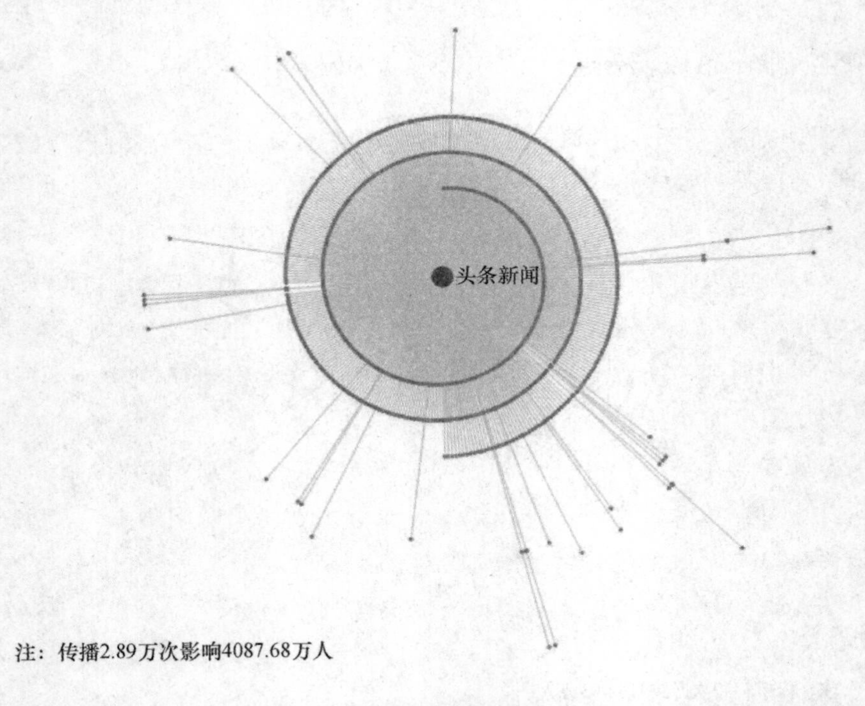

图 4－6 “毒胶囊事件”传播

张弦 2013 年 3 月 8 日 22 点 51 分发布：农夫山泉等产品中含有

致癌物，被转发 37686 次，评论 6526 条。该微博发出 10 分钟之内有 6 条评论，被转发 13 次，微博发出后第 10—20 分钟内共有 5 条评论，19 次转发，第 20—30 分钟有 7 条评论，39 次转发，半个小时之内平均每分钟评论 0.6 条，转发 2.37 次，24 小时之内评论数 5077 条，转发 19226 次。截至 2014 年 12 月 31 日，该微博被转发 37658 次，评论 6527 条，微博发出后 24 小时内转发占总次数的 51.05%，24 小时内评论占总评论数的 77.78%。图 4－7 为该微博发出后至 2014 年 12 月 31 日的传播示意图。

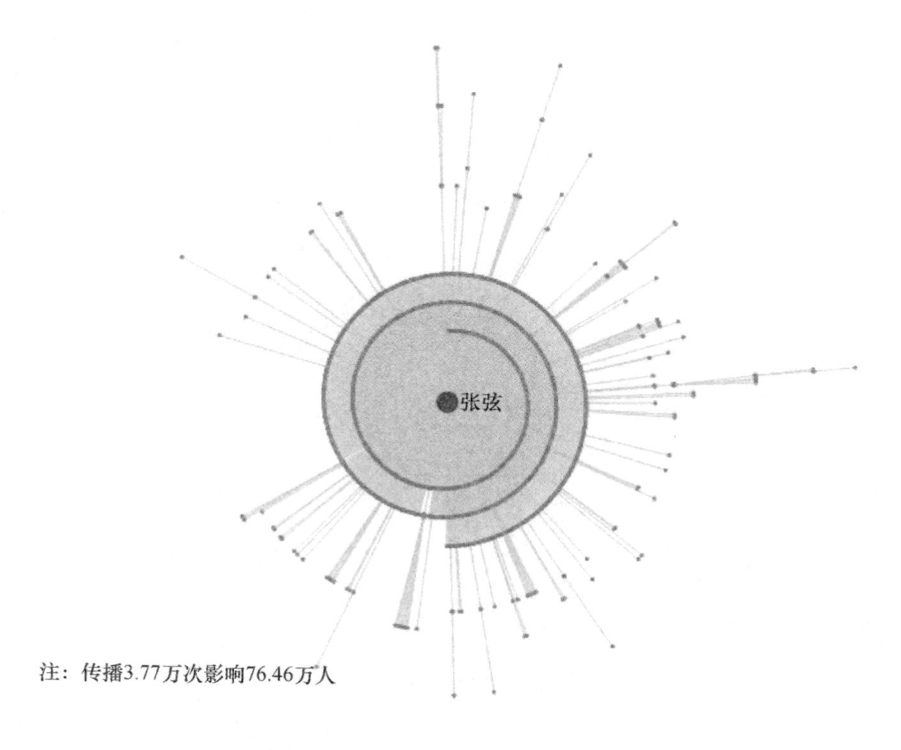

图 4－7　“农夫山泉事件”传播

猫扑官方微博 2013 年 4 月 11 日 14 点 18 分发布：费列罗有活蛆，共评论 17448 条，转发 48353 次。该微博发出 10 分钟之内有 204 条评论，被转发 293 次，微博发出后第 10—20 分钟内共有 163

条评论，287 次转发，第 20—30 分钟有 111 条评论，135 次转发，半个小时之内平均每分钟评论 15.93 条，转发 23.83 次，24 小时之内评论 13841 条，转发 38427 次。截至 2014 年 12 月 31 日，该微博被转发 48233 次，评论 17442 条，微博发出后 24 小时内转发占总次数的 79.67%，24 小时内评论占总评论数的 79.35%。图 4－8 为该微博发出后至 2014 年 12 月 31 日的传播示意图。

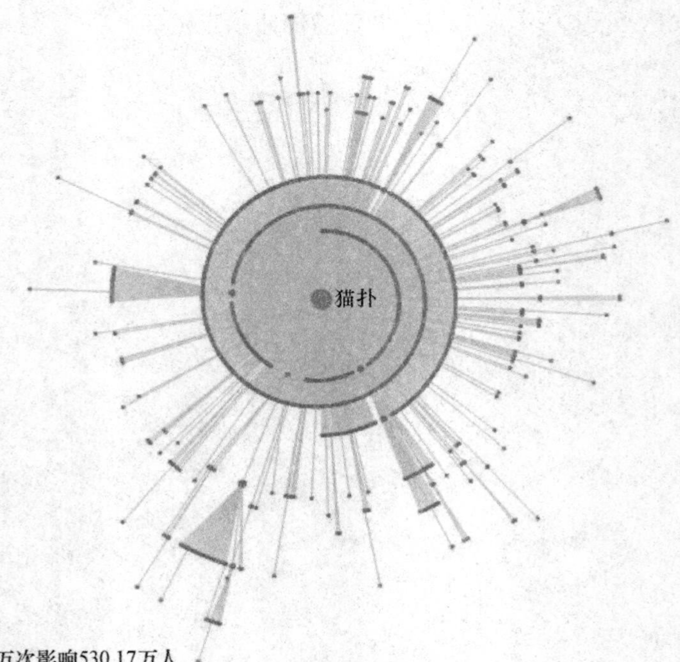

图 4－8 “费列罗巧克力事件”传播

中央电视台新闻中心官方微博 2014 年 7 月 20 日 20 点 59 分发布的微博：上海福喜公司用过去劣质鸡牛肉供应给麦当劳和肯德基。被转发 95434 次，评论 18015 条。该微博发出 10 分钟之内有 635 条评论，被转发 1584 次，微博发出后第 10—20 分钟内共有 484 条评论，转发 1395 次，第 20—30 分钟有 321 条评论，转发 987 次，半个小时之内平均每分钟评论 48 条，转发 132.2 次，24 小时之内评论 16418 条，转发 91495 次。截至 2014 年 12 月 31 日，该微博被转发 94793 次，评论 18013 条，微博发出后 24 小时内转发占总次数的 96.52%，24 小时内评论占总评论数的 91.15%。图 4－9 为该微博发出后至 2014 年 12 月 31 日的传播示意图。

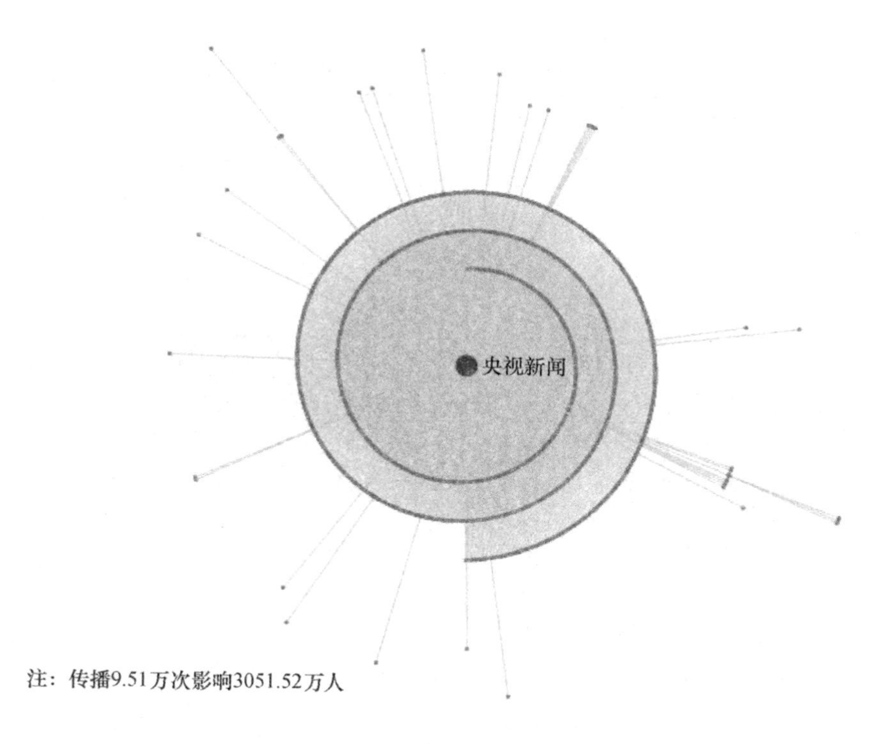

图 4－9　"福喜问题肉事件"传播

从图 4－1 至图 4－9 食品安全危机信息在新浪微博中的传播示意图可以看出，食品安全危机信息在新浪微博中的传播模式是一触即发式传播模式和多级传播模式的结合，属于混合式传播模式。表 4－3 中分析了九个典型食品安全危机信息在新浪微博中的传播情况，从传播次数、影响人数和情感几个方面进行分析，其中酸奶明胶事件传播次数最少，但是影响到的人数最多，共影响 4144.03 万人，“福喜问题肉事件”传播次数最多，达到 9.51 万次，影响 3051.52 万人。情感分析分为正面、负面和中立三类，情感是微博用户对接收到的信息所持的态度，负面情绪就是对所浏览到的食品安全危机信息的评论中表示出的负面表情或者词语，正面情绪是对该信息的评论中出现的正面的表情或者词语。

表 4－3　　食品安全危机事件在新浪微博中的传播分析

危机事件	开始日期	结束日期	传播次数（万次）	影响人数（万人）	负面（%）	正面（%）	中立（%）
瘦肉精事件	2011 年 3 月 15 日	2014 年 12 月 31 日	1.54	147.79	80.6	18.0	1.4
染色馒头	2011 年 4 月 11 日	2014 年 12 月 31 日	1.21	1410.29	39.1	33.7	27.2
毒豆芽	2011 年 4 月 18 日	2014 年 12 月 31 日	0.31	1400.20	68.6	30.0	1.4
地沟油	2011 年 9 月 13 日	2014 年 12 月 31 日	1.21	720.23	82.1	16.0	1.9
酸奶明胶	2012 年 4 月 15 日	2014 年 12 月 31 日	0.33	4144.03	93.0	5.4	1.6
毒胶囊	2012 年 4 月 15 日	2014 年 12 月 31 日	2.89	4087.68	37.1	35.3	27.6
农夫山泉事件	2013 年 3 月 8 日	2014 年 12 月 31 日	3.77	76.46	99.5	0.5	0.0
费列罗质量门	2013 年 4 月 10 日	2014 年 12 月 31 日	4.83	530.17	96.4	3.6	0
福喜问题肉	2014 年 7 月 20 日	2014 年 12 月 31 日	9.51	3051.52	48.9	37.0	14.1

根据第二章国内外学者关于危机信息传播的研究综述可知，经典的危机传播阶段是 Steven Fink 的四阶段论，即分为潜伏期、突发期、蔓延期、恢复期四个阶段，国内外学者相关的研究基本都是各阶段的特点以及各阶段的管理对策。但是以往的研究大都是针对传统媒体作为媒介进行的，针对社交媒体中危机信息传播的相关研究很少，因此，本章在对 9 个典型食品安全危机事件在社交媒体中的传播进行分析的基础上总结出社交媒体中食品安全危机信息传播的阶段特征，食品安全危机信息在社交媒体中传播阶段可以分为：突发期、上升期、高峰期、衰退期、平稳期（如图 4－10 所示）。

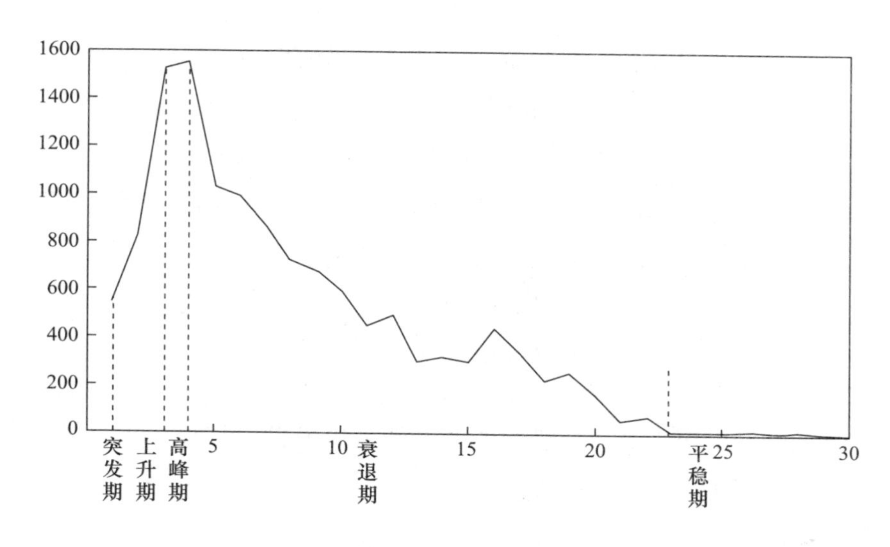

图 4－10　食品安全危机微博传播阶段

从图 4－10 危机各传播阶段时间点可以看出，食品安全危机信息在微博中的各阶段的传播时间都缩短，传统的危机传播第一个阶段是潜伏期，传统媒体下危机的潜伏期时间比较长，例如“三鹿奶粉事件”，最早在 2008 年 3 月初就有消费者对三鹿奶粉进行投诉，直到 8 月 1 日三鹿奶粉才被检测出含有三聚氰胺，直到 9 月 11 日记者报道后危机才进入突发期，9 月 13 日国务院才召开新闻发布会指出“三鹿奶粉事件”是一起重大的食品安全事故。“三鹿奶粉事件”的潜伏期从 3 月初到 9 月 11 日长达六个月的时间，而社交媒体环境下危机信息的传播几乎是即时的，在事件发生后极短的时间内相关信息就会呈现爆炸性的出现。食品安全问题危机发生后，很快就会吸引大量的转发和评论，从曝光开始到高峰期基本都在 4 个小时之内，中间上升期的时间很短，上升期吸引了大量用户对危机信息的转发和评论，把事件迅速推向了高峰期，然后进入衰退期，衰退期的时间一般为 20 个小时左右，衰退期内相关的评论、转发随着时间推移会迅速地衰减，危机发生 24 小时之后进入平稳期。因此食品安全危机发生后，涉事企业和政府监管部门的反应时间非常短，企业要在危机突发后，充分利用前 4 个小时的时间尽快做出反应，积极查明事件原因，对受损害的消费者进行赔偿，召回问题食品，降低危机造成的损失。如果不及时做出反应，同时间段的谣言也会产生，谣言和事实交织在一起向外扩散，影响企业的经营甚至会造成企业的破产，当谣言出现后企业应积极和政府监管部门、权威监测机构进行沟通，通过权威部门的声明来解决问题，减少公众的疑虑，避免谣言的进一步扩散。政府部门也应该在危机发生后提高效率，及时发布权威信息，对事件进行情况向媒体和公众进行通报，并调动社会资源来减少危机给消费者带来的损失，同时不断完善网络舆情预警机制，为大众构建安全的食品消费环境。

第二节　食品安全危机信息在社交媒体中的传播网络结构分析

本节以 2011—2014 年期间发生的“地沟油事件”“瘦肉精事件”“染色馒头”“福喜问题肉”“毒胶囊”“费列罗质量门”“毒豆芽”“酸奶添加明胶事件”“农夫山泉质量门”共九个典型食品安全事件为例。数据采集平台为微博舆情监测与引导平台——鹰击系统，首先利用鹰击系统 2011—2014 年发生的食品安全危机信息进行监测分析，根据食品安全类信息热门话题排名选择出受关注程度较高的九个典型事件，在对典型食品安全事件传播规律进行分析的基础上，对各事件在新浪微博中的传播路径进行模拟，根据本章中图 4－1 至图 4－9 各个食品安全危机事件在新浪微博中的传播路径图，通过路径分析各事件在新浪微博中传播节点，对各传播节点的粉丝数、转评数、转评时间、博主类型、地域、转发层级进行统计分析，通常单条微博的影响力受微博博主粉丝数、参与转发和评论的人数、传播过程中各层级的转发者的粉丝数等方面的影响，粉丝数多的用户发布的微博内容才有可能被传播到更多的用户，因此粉丝数高的博主一般信息传播能力较强，对食品安全危机事件传播节点中粉丝数超过一万的节点进行筛选整理分析，选出其中前50个关键节点（如表4－4所示），对表4－4中的各关键节点进行网络结构分析。

表4－4　　食品安全危机信息传播关键节点

编号	关键节点	粉丝数	博主类型	编号	博主	粉丝数	博主类型
1	新浪财经	12524600	媒体认证	26	刘思彤	316032	个人认证
2	任志强	29320374	个人认证	27	葛雪刚	127047	个人认证
3	央视财经	8929774	媒体认证	28	车联网专家	102654	普通博主
4	猫扑	4211833	媒体认证	29	花石头	105297	个人认证
5	央视新闻	28605368	媒体认证	30	色女狼	45453	个人认证
6	财经网	12580812	媒体认证	31	王春雨545	74499	个人认证
7	每周质量报告	210366	媒体认证	32	郭浩－微博	24883	个人认证
8	PETA亚洲善待动物组织	80793	团体认证	33	刘爱明V	58017	个人认证
9	浙江日报	1122866	媒体认证	34	同城户外	53035	企业认证
10	北大陈浩武	126916	个人认证	35	武汉刘正涛	20591	个人认证
11	钱文忠	4434927	个人认证	36	陈世卿院士	138129	个人认证
12	喷嚏网铂程	156906	个人认证	37	全震动	117041	微博达人
13	上海同城会	195933	媒体认证	38	黑色金光	115599	个人认证
14	我美丽我健康	183252	普通博主	39	半虹骑士	155054	个人认证
15	程旸cy	44025	个人认证	40	订飞机票刘忠杰	298943	微博达人
16	天津市南开区人民法院	123610	政府认证	41	竹林居士－	298943	微博达人
17	佳美氏3零玉米油	73334	企业认证	42	逆风蝴蝶	68913	个人认证
18	郑兆瑞	206317	个人认证	43	人民网海南视窗	701010	媒体认证
19	张后奇	497436	个人认证	44	济宁公安	1374517	政府认证
20	田炜华	177941	个人认证	45	理财信息报	322347	媒体认证
21	头条新闻	38457091	媒体认证	46	珂珂有话说	62407	普通博主
22	演员j金宝	439619	个人认证	47	依好旁友	87200	普通博主

续表

编号	关键节点	粉丝数	博主类型	编号	博主	粉丝数	博主类型
23	周宸屹	103486	个人认证	48	桐乡同城会	30198	媒体认证
24	孙斌的攀登生活	15572	个人认证	49	张弦	158610	个人认证
25	郭雪艺	111918	个人认证	50	演员郭广平	125929	个人认证

通过表4－4整理出50个食品安全危机信息传播关键节点，根据新浪微博中2014年12月31日的数据进行统计其关键节点之间互相关注情况，利用有向关系矩阵来表示其两两关系，建立一个50×50矩阵，矩阵中各数字为“1”或者“0”，1表示关注，0表示未关注，如表4－5所示，从左上角起第三行第二列数字为1表示节点“任志强”关注了节点“新浪财经”，第三行第四列为0表示节点“任志强”未关注节点“央视财经”。

表4－5　　　　食品安全事件50×50矩阵（部分）

关键节点	新浪财经	任志强	央视财经	猫扑	央视新闻	财经网	每周质量报告
新浪财经	0	1	1	0	1	1	1
任志强	1	0	0	0	0	0	0
央视财经	1	1	1		1	1	0
猫扑	0	1	0	0	0	0	0
央视新闻	0	0	1	0	0	1	1
财经网	1	1	0	0	1	0	1
每周质量报告	1	0	0	0	1	0	0
PETA亚洲善待动物组织	0	0	0	0	0	0	0
浙江日报	0	0	1	0	1	1	0
北大陈浩武	0	1	0	0	0	0	0
钱文忠	0	1	0	0	0	0	0
喷嚏网铂程	1	1	1	0	1	1	0
上海同城会	1	0	0	0	1	0	0
我美丽我健康	1	0	0	1	0	0	0

续表

关键节点	新浪财经	任志强	央视财经	猫扑	央视新闻	财经网	每周质量报告
程旸 cy	0	1	0	0	0	1	0
天津市南开区人民法院	0	0	0	0	1	0	0
佳美氏 3 零玉米油	0	0	0	0	1	0	0
郑兆瑞	1	0	0	0	1	0	0
张后奇	1	0	0	0	1	1	0
田炜华	1	0	0	0		0	0
头条新闻	1	0	1	0	1	0	0

根据表 4 -5 中的数据，利用 UCINET 分析软件生成各节点之间的网络结构图，如图 4 -11 所示。

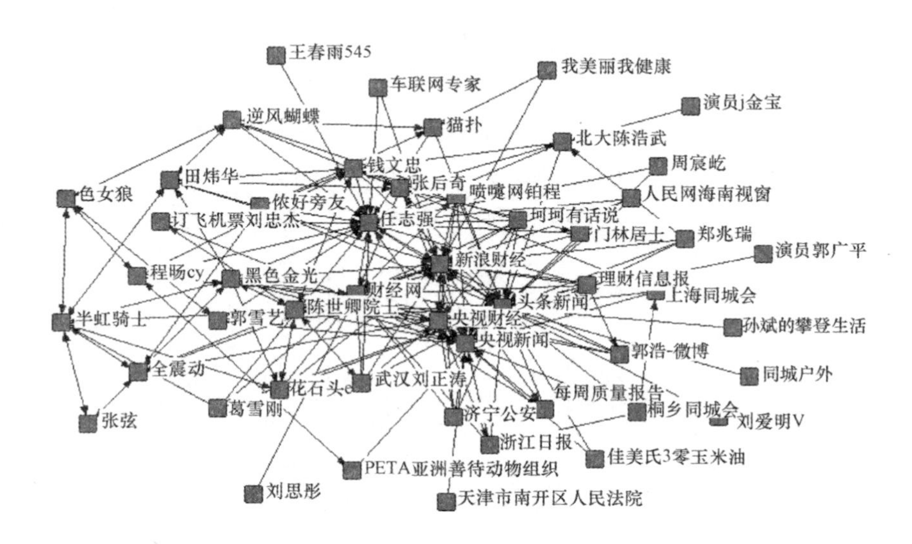

图 4 -11　食品安全危机信息传播网络结构

一　各节点的点度数中心度分析

利用 UCINET 软件进行各节点度数中心度分析，计算出的整个网络结构标准化外向中心势指数为 16.285%，标准化内向中心势指数为 64.182%，说明图 4 -11 的网络结构中“被关注”的趋势比较集中。每个节点的度数分为点入度、点出度、标准化点入度、标准化点出度，点入度表示其他节点对该点的关注程度，点出度表示该点对其他点的关注程度，如果某个节点数值越大表示该节点居于网络的中心，权力越大，在食品安全危机信息传播过程中对其他节点的影响越大。根据表 4 –6 中数值可知，编号 21 的节点标准点入度值为 71.429，在所有节点中最高，其对应的博主是“头条新闻”，说明该节点受其他节点关注程度最高，其次编号为 2 的节点对应的博主是“任志强”，其标准点入度为 44.898。标准点出度较高的节点编号分别为 36、38、19，对应到博主分别为“陈世卿院士”“黑色金光”“张后奇”，说明这几个节点对其他节点的关注程度最高。

表 4 –6　　网络结构各节点度数中心度值

编号	Out – Degree 点出度	In – Degree 点入度	NrmOutDeg 标准化的点出度	NrmInDeg 标准化的点入度	编号	Out – Degree 点出度	In – Degree 点入度	NrmOutDeg 标准化的点出度	NrmInDeg 标准化的点入度
36	12.000	7.000	24.490	14.286	13	4.000	1.000	8.163	2.041
38	10.000	3.000	20.408	6.122	9	4.000	2.000	8.163	4.082
19	9.000	5.000	18.367	10.204	32	4.000	1.000	8.163	2.041
12	8.000	1.000	16.327	2.041	10	4.000	3.000	8.163	6.122
1	7.000	20.000	16.327	40.816	11	3.000	9.000	6.122	18.367
39	7.000	8.000	14.286	16.327	40	3.000	1.000	6.122	2.041
46	7.000	0.000	14.286	0.000	7	3.000	3.000	6.122	6.122
45	6.000	0.000	14.286	0.000	21	3.000	35.000	6.122	71.429
3	6.000	12.000	12.245	24.490	4	3.000	3.000	6.122	6.122
35	6.000	1.000	12.245	2.041	43	3.000	0.000	6.122	0.000
6	6.000	21.000	12.245	42.857	2	2.000	22.000	4.082	44.898
47	6.000	0.000	12.245	0.000	49	2.000	2.000	4.082	4.082
37	6.000	5.000	12.245	10.204	8	2.000	1.000	4.082	2.041
42	5.000	5.000	10.204	10.204	14	2.000	0.000	4.082	0.000

续表

编号	Out - Degree 点出度	In - Degree 点入度	NrmOutDeg 标准化的点出度	NrmInDeg 标准化的点入度	编号	Out - Degree 点出度	In - Degree 点入度	NrmOutDeg 标准化的点出度	NrmInDeg 标准化的点入度
44	5.000	0.000	10.204	0.000	28	2.000	0.000	4.082	0.000
15	5.000	2.000	10.204	4.082	17	2.000	0.000	4.082	0.000
20	5.000	6.000	10.204	12.245	23	2.000	0.000	4.082	0.000
29	5.000	3.000	10.204	6.122	16	1.000	0.000	2.041	0.000
41	5.000	1.000	10.204	2.041	31	1.000	0.000	2.041	0.000
25	5.000	1.000	10.204	2.041	26	1.000	0.000	2.041	0.000
5	4.000	21.000	8.163	42.857	34	1.000	0.000	2.041	0.000
27	4.000	0.000	8.163	0.000	22	1.000	0.000	2.041	0.000
18	4.000	0.000	8.163	0.000	33	1.000	0.000	2.041	0.000
48	4.000	0.000	8.163	0.000	24	1.000	0.000	2.041	0.000
30	4.000	4.000	8.163	8.163	50	1.000	0.000	2.041	0.000

二 各节点的点中间中心度分析

利用 UCINET 软件进行点中间中心度分析，得出整个网络的标准化中间中心势指数为 18.10%，这个数值相对较小，表明整个网络没有较明显地向某个节点集中的趋势。通过表 4-7 可知，编号为 1 的节点中间中心度为 471.492，对应的博主为“新浪财经”，说明该节点对其他节点之间交往控制程度最大，表 4-7 中未列出的还有 22 个中间中心度为 0 的节点，说明这些节点不能控制其他节点，处于网络的边缘位置。

表 4-7 各节点中间中心度值

编号	Betweenness	nBetweenness	编号	Betweenness	nBetweenness
1	471.492	20.046	2	56.185	2.389
20	266.544	11.333	10	35.833	1.524
39	250.361	10.645	37	22.508	0.957

续表

编号	Betweenness	nBetweenness	编号	Betweenness	nBetweenness
19	210. 74	8. 96	13	13. 611	0. 579
21	208. 654	8. 871	38	12. 065	0. 513
36	191. 858	8. 157	4	8. 119	0. 345
42	179. 483	7. 631	25	5. 25	0. 223
30	177. 422	7. 543	7	4. 7	0. 2
6	175. 448	7. 46	9	2. 361	0. 1
11	134. 34	5. 712	29	1. 617	0. 069
12	87. 739	3. 73	8	0. 472	0. 02
15	67. 667	2. 877	41	0. 167	0. 007
5	65. 8	2. 798	40	0. 143	0. 006
3	65. 276	2. 775	35	0. 143	0. 006

注：未列出的其他节点中间度值均为0。

三　各节点的点接近中心度分析

利用 UCINET 软件进行点接近中心度分析，表 4 – 8 中列出了各节点的接近中心度数值，其中 In. Closeness 值越大，表示该节点与其他节点越接近，向其他点传播信息就会更容易一些。Out. Closeness 值反映的是该节点从其他节点获取信息的能力，数值越大说明获取信息的能力越强。表 4 – 8 中传播信息更容易的前五个节点分别为编号为 21、5、1、2、6 的节点，对应的博主分别为“头条新闻”“央视新闻”“新浪财经”“任志强”“财经网”，说明这几个节点传播信息更容易。表中 Out. Closeness 的值都介于 4. 101—4. 512，各数值之间差距很小，所以各节点信息获取能力相差不大。

表 4 – 8　　各节点的接近中心度值

编号	In – Farness	Out – Farness	In – Closeness	Out – Closeness	编号	In – Farness	Out – Farness	In – Closeness	Out – Closeness
21	63	1187	77. 778	4. 128	15	208	1165	23. 558	4. 206

续表

编号	In - Farness	Out - Farness	In - Closeness	Out - Closeness	编号	In - Farness	Out - Farness	In - Closeness	Out - Closeness
5	80	1194	61. 25	4. 104	25	210	1168	23. 333	4. 195
1	82	1164	59. 756	4. 21	8	256	1179	19. 141	4. 156
2	84	1189	58. 333	4. 121	13	2401	1129	2. 041	4. 34
6	85	1174	57. 647	4. 174	32	2401	1137	2. 041	4. 31
3	93	1183	52. 688	4. 142	27	2450	1118	2	4. 383
7	112	1188	43. 75	4. 125	22	2450	1148	2	4. 268
20	112	1157	43. 75	4. 235	33	2450	1165	2	4. 206
19	115	1156	42. 609	4. 239	34	2450	1165	2	4. 206
11	122	1174	40. 164	4. 174	23	2450	1163	2	4. 213
12	133	1160	36. 842	4. 224	18	2450	1134	2	4. 321
39	137	1154	35. 766	4. 246	31	2450	1167	2	4. 199
42	138	1164	35. 507	4. 21	26	2450	1152	2	4. 253
9	139	1194	35. 252	4. 104	14	2450	1134	2	4. 321
36	152	1151	32. 237	4. 257	28	2450	1141	2	4. 294
10	159	1170	30. 818	4. 188	16	2450	1172	2	4. 181
30	162	1160	30. 247	4. 224	17	2450	1161	2	4. 22
41	163	1173	30. 061	4. 177	43	2450	1148	2	4. 268
37	171	1161	28. 655	4. 22	44	2450	1136	2	4. 313
38	173	1151	28. 324	4. 257	45	2450	1086	2	4. 512
29	174	1159	28. 161	4. 228	46	2450	1124	2	4. 359
4	182	1180	26. 923	4. 153	47	2450	1116	2	4. 391
49	183	1175	26. 776	4. 17	48	2450	1099	2	4. 459
35	200	1162	24. 5	4. 217	24	2450	1165	2	4. 206
40	200	1173	24. 5	4. 177	50	2450	1165	2	4. 206

通过以上对食品安全危机信息在新浪微博中传播节点进行筛选，提取出50个关键节点，对各关键节点的空间网络结构分析可知，信息传播能力比较强的节点有“头条新闻”“央视新闻”“新浪财经”“任志强”“财经网”，以上五个传播节点都拥有上千万的粉丝数，

其中头条新闻的粉丝数高达3845多万，他们对食品安全危机信息的发布和传播更容易被大量的普通用户信任、关注、分享，普通用户通过分享、评论又推动了信息的扩散，因此这些节点对食品安全危机信息传播起到了导向作用。当社交媒体中出现食品安全类谣言或者对于因媒体或消费者误解的信息时，政府部门可以通过这些关键节点进行辟谣或对误解进行解释，有助于迅速消除谣言或误解带来的影响，同时追究散布谣言的个人或者组织法律责任；如果是确实发生了食品安全事件，政府部门也可以通过这些节点发布事件影响范围、企业的应对措施、政府反映的相关信息，向公众传播食品安全知识和理念，提高政府和企业食品安全危机管理的效率。

第五章　食品安全危机信息在社交媒体中传播速度预测

第一节　食品安全危机信息在社交媒体中传播速度计算

本节首先根据第四章表4－2中整理的博文来源进行博文转发和评论情况统计分析，通过统计自9条博文发出后截至2014年12月31日的转发数和评论数，计算对比发现博文发出后24小时内完成的转发数占总转发数的比例和评论数占总评论数的比例都超过了74.96%，评论数比例最高达到了99.34%，说明食品安全问题信息一经发布就受到大众的高度关注，食品安全关系到每个人的健康，因此其信息在短时间内就呈迅速裂变式发展。因此1条博文发出后的主要传播时间是在24小时之内，表5－1和表5－2中数据是以每小时为时间段，通过统计博文发出后24小时之内每个小时段的转发数和评论数，为了便于各事件的对比，对数据进行了归一化处理。

表5－1　　食品安全危机信息在新浪微博中的转发情况分析（归一化）

事件 序号	"瘦肉精事件"	"染色馒头事件"	"毒豆芽事件"	"地沟油事件"	"酸奶明胶事件"	"毒胶囊事件"	"农夫山泉事件"	"费列罗质量门"	"福喜问题肉"
1	0.4922	0.4055	0.4836	0.1323	0.3414	0.0827	0.0113	0.1038	0.0810

续表

序号＼事件	“瘦肉精事件”	“染色馒头事件”	“毒豆芽事件”	“地沟油事件”	“酸奶明胶事件”	“毒胶囊事件”	“农夫山泉事件”	“费列罗质量门”	“福喜问题肉”
2	0.1214	0.0378	0.1932	0.1448	0.0371	0.0231	0.0198	0.0220	0.1662
3	0.0980	0.0123	0.0990	0.0293	0.0077	0.0124	0.0057	0.0222	0.1697
4	0.0341	0.0051	0.0363	0.0089	0.0034	0.0849	0.0027	0.0227	0.0793
5	0.0219	0.0027	0.0117	0.0036	0.0040	0.0330	0.0028	0.0302	0.0278
6	0.0198	0.0028	0.0073	0.0027	0.0209	0.0408	0.0013	0.0271	0.0099
7	0.0204	0.0064	0.0052	0.0018	0.0555	0.0324	0.0014	0.0307	0.0058
8	0.0240	0.0202	0.0009	0.0036	0.1979	0.1608	0.0055	0.0611	0.0036
9	0.0195	0.0565	0.0065	0.0107	0.1727	0.1153	0.0273	0.0893	0.0335
10	0.0187	0.1261	0.0177	0.0071	0.0791	0.0489	0.0283	0.0740	0.0178
11	0.0193	0.0979	0.0380	0.0169	0.0325	0.0197	0.0360	0.0350	0.0349
12	0.0221	0.0497	0.0354	0.3437	0.0117	0.0049	0.0474	0.0165	0.0498
13	0.0176	0.0267	0.0156	0.1083	0.0209	0.0024	0.0417	0.0084	0.0541
14	0.0144	0.0334	0.0268	0.0657	0.0006	0.0038	0.0381	0.0048	0.0780
15	0.0108	0.0285	0.0009	0.0222	0.0034	0.0015	0.0546	0.0048	0.0481
16	0.0028	0.0180	0.0017	0.0204	0.0021	0.0100	0.0398	0.0068	0.0373
17	0.0014	0.0124	0.0035	0.0115	0.0006	0.1121	0.0479	0.0182	0.0241
18	0.0011	0.0121	0.0039	0.0124	0.0009	0.0831	0.0549	0.0359	0.0148
19	0.0010	0.0049	0.0022	0.0062	0.0034	0.0642	0.0535	0.0561	0.0116
20	0.0025	0.0050	0.0017	0.0027	0.0018	0.0270	0.0700	0.0827	0.0090
21	0.0056	0.0060	0.0048	0.0036	0.0009	0.0137	0.0842	0.0664	0.0086
22	0.0134	0.0118	0.0017	0.0187	0.0006	0.0120	0.1368	0.0613	0.0078
23	0.0125	0.0068	0.0017	0.0151	0.0006	0.0069	0.0896	0.0603	0.0129
24	0.0055	0.0116	0.0009	0.0080	0.0003	0.0045	0.0994	0.0597	0.0143

资料来源：根据新浪微博数据整理而得到。

表 5－2　食品安全危机信息在新浪微博中的评论情况分析（归一化）

序号＼事件	“瘦肉精事件”	“染色馒头事件”	“毒豆芽事件”	“地沟油事件”	“酸奶明胶事件”	“毒胶囊事件”	“农夫山泉事件”	“费列罗质量门”	“福喜问题肉”
1	0.2580	0.3579	0.4701	0.1654	0.4311	0.1484	0.0053	0.0530	0.1220

续表

序号\事件	“瘦肉精事件”	“染色馒头事件”	“毒豆芽事件”	“地沟油事件”	“酸奶明胶事件”	“毒胶囊事件”	“农夫山泉事件”	“费列罗质量门”	“福喜问题肉”
2	0.1746	0.1097	0.1553	0.1757	0.0408	0.0317	0.0089	0.0228	0.1058
3	0.1734	0.0260	0.0613	0.0724	0.0099	0.0159	0.0022	0.0254	0.1069
4	0.0824	0.0087	0.0256	0.0439	0.0088	0.0636	0.0012	0.0283	0.0510
5	0.0376	0.0037	0.0128	0.0362	0.0243	0.0820	0.0006	0.0358	0.0206
6	0.0329	0.0017	0.0071	0.0258	0.0452	0.0282	0.0004	0.0348	0.0084
7	0.0238	0.0033	0.0014	0.0827	0.1334	0.0295	0.0008	0.0413	0.0031
8	0.0212	0.0117	0.0028	0.0749	0.1136	0.1429	0.0063	0.0665	0.0024
9	0.0169	0.0267	0.0142	0.0517	0.0606	0.0988	0.0112	0.0331	0.0043
10	0.0150	0.1464	0.0271	0.0853	0.0430	0.0391	0.0140	0.0834	0.0104
11	0.0205	0.0971	0.0228	0.0413	0.0187	0.0184	0.0248	0.0467	0.0232
12	0.0229	0.0510	0.0242	0.0207	0.0121	0.0027	0.0246	0.0223	0.0575
13	0.0257	0.0220	0.0171	0.0129	0.0077	0.0013	0.0250	0.0131	0.0437
14	0.0243	0.0307	0.0057	0.0103	0.0099	0.0017	0.0382	0.0061	0.1016
15	0.0188	0.0257	0.0071	0.0155	0.0077	0.0032	0.0360	0.0043	0.0689
16	0.0121	0.0187	0.0057	0.0052	0.0066	0.0072	0.0406	0.0067	0.0635
17	0.0029	0.0083	0.0057	0.0258	0.0055	0.0773	0.0550	0.0198	0.0434
18	0.0017	0.0077	0.0057	0.0129	0.0066	0.0662	0.0530	0.0396	0.0305
19	0.0007	0.0080	0.0043	0.0155	0.0044	0.0595	0.0750	0.0639	0.0239
20	0.0012	0.0037	0.0641	0.0052	0.0033	0.0315	0.0847	0.0730	0.0233
21	0.0026	0.0040	0.0142	0.0026	0.0022	0.0191	0.0971	0.0821	0.0227
22	0.0036	0.0107	0.0242	0.0078	0.0011	0.0127	0.1160	0.0604	0.0193
23	0.0107	0.0067	0.0114	0.0052	0.0022	0.0156	0.1930	0.0715	0.0203
24	0.0164	0.0100	0.0100	0.0052	0.0011	0.0034	0.0861	0.0660	0.0233

资料来源：根据新浪微博数据整理而得到。

通过表 5-1 中对食品安全危机信息在新浪微博中的转发情况统计分析可知：“瘦肉精事件”“染色馒头事件”“毒豆芽事件”和“酸奶明胶事件”在危机信息发出后第一个小时之内转发数比例都超过了 34.14%，“瘦肉精事件”的比例高达 49.22%，说明接近一半的转发是在一个小时之内完成的，微博信息传播的即时便捷性得到验证。从第二个小时开始传播速度逐渐变慢，其他几个事件也呈现出相似的特性，传播速度按时间顺序递减，中间出现波动情况的原因是当微博信息传播介于2：00—6：00时间段的时候传播速度会变慢，评论数相比其他时间段要低很多，6：00之后又恢复相似的传播特性。

通过对表5-2中数据分析可知：食品安全危机信息发布后24小时之内的转发数和评论数的规律近似，都是依时间顺序递减，24小时之内各时间段转发和评论的比例也类似。从绝对值上来看两者区别是转发数要比评论数大很多，用户转发可以让粉丝看到这条消息，评论则一般表明自己对该事件的看法。通过统计发现食品安全相关危机信息的转发数和评论数都非常高，其中“福喜问题肉”微博发出后24小时之内转发数高达91495次，评论数达到16418条，说明食品安全问题受关注程度非常高。

利用MATLAB R2013a非线性拟合工具箱，对食品安全危机信息微博传播24小时之内的数据进行拟合，各事件的转发数分别用x1—x9代表，评论数分别用y1—y9代表，经过反复实验对比各参数结果发现：食品安全危机发生后24小时之内的微博转发数和评论数用高斯函数拟合效果最好，除序列y8符合高斯三阶函数之外，其他序列均符合高斯二阶函数，各拟合参数值如表5-3和表5-4所示。

即x1—x7、x9符合：

$$f(x)=a1\times exp(-((x-b1)/c1)^2)+a2\times exp(-((x-b2)/c2)^2) \quad (5-1)$$

y1-y9符合：

$$f(y)=a1\times exp(-((y-b1)/c1)^2)+a2\times exp(-((y-b2)/c2)^2) \quad (5-2)$$

x8符合：

$$f(x)=a1\times exp(-((x-b1)/c1)^2)+a2\times exp(-((x-b2)/c2)^2)+a3\times exp(-((x-b3)/c3)^2) \quad (5-3)$$

表 5－3 食品安全危机信息微博转发数拟合参数值

转发数	a1	b1	c1	a2	b2	c2	a3	b3	c3
“瘦肉精事件”	4.995×10^{-28}	−79.59	9.851	2.391×10^{-14}	−534.6	89.38			
“染色馒头事件”	4.928×10^{-13}	−27.37	4.982	0.117	10.41	1.868			
“毒豆芽事件”	2.538×10^{-13}	−73.23	13.21	0.035	11.75	2.317			
“地沟油事件”	0.378	12.22	0.704	0.171	1.553	1.1			
“酸奶明胶事件”	795.9	−6.546	2.71	0.205	8.519	1.501			
“毒胶囊事件”	0.155	8.393	1.4	0.104	17.77	1.676			
“农夫山泉事件”	−0.028	49.19	26.93	0.223	40.19	20.62			
“费列罗质量门”	7.521×10^{-12}	−73.4	13.16	0.081	9.017	2.48	0.074	21.39	4.085
“福喜问题肉”	0.182	2.514	1.692	0.060	13.56	3.967			

表 5－4 食品安全危机信息微博评论数拟合参数值

评论数	a1	b1	c1	a2	b2	c2
“瘦肉精事件”	0.292	−0.653	4.274	0.024	12.160	4.536
“染色馒头事件”	9.845	−5.057	3.327	0.141	10.410	1.334
“毒豆芽事件”	7.082×10^{-13}	−61.340	10.910	0.067	20.140	0.696
“地沟油事件”	0.187	1.525	1.481	0.073	8.405	1.553
“酸奶明胶事件”	7.593×10^{-5}	−11.840	3.386	0.125	7.592	1.947
“毒胶囊事件”	5.187×10^{-13}	−484	83.190	0.228	8.439	0.513
“农夫山泉事件”	0.340	22.590	0.371	0.092	23.720	9.616
“费列罗质量门”	0.052	7.499	5.962	0.081	21.600	3.909
“福喜问题肉”	0.122	1.566	2.713	0.075	14.720	3.902

对比表 5－3 与表 5－4 中各参数值可以发现：相对于转发数而

言，评论数在微博发出24小时之内的各参数值更稳定一些。“染色馒头事件”和“毒豆芽事件”转发数变化情况近似，“地沟油事件”和“毒胶囊事件”的转发数变化情况近似；“地沟油事件”和“福喜问题肉事件”的评论数变化情况近似。

图5－1与图5－2分别是食品安全危机信息微博转发数、评论数与高斯函数拟合曲线对比图，通过观察发现各曲线和实际数据点之间拟合程度都很高。为了更清晰地对拟合数据和实际数据进行对比，图5－3中（a）和（b）分别列出了“瘦肉精事件”微博的转发数实际数据和拟合值，以及评论数实际数据和拟合值的对比图，图5－3（a）中拟合曲线调整后的拟合优度为0.9867，图5－3（b）中拟合曲线调整后的拟合优度为0.9675，说明两个图中曲线拟合效果都非常好。同时通过对图5－3（a）和（b）的观察也可以看出：图中的曲线代表拟合曲线，散点代表实际数值，图中拟合曲线和实际值非常吻合，说明本节中函数模型很好地模拟了食品安全危机信息发布后24小时之内以小时为时间段的传播速度。

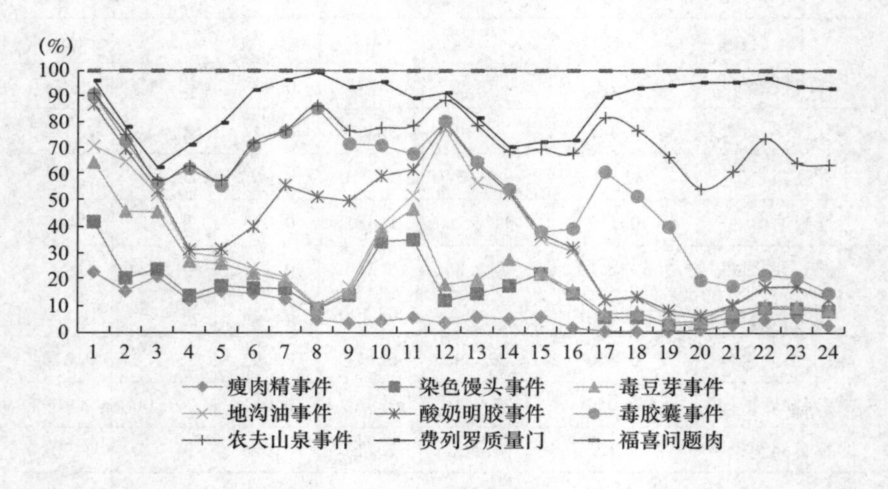

图5－1　食品安全危机信息微博转发数与拟合值对比

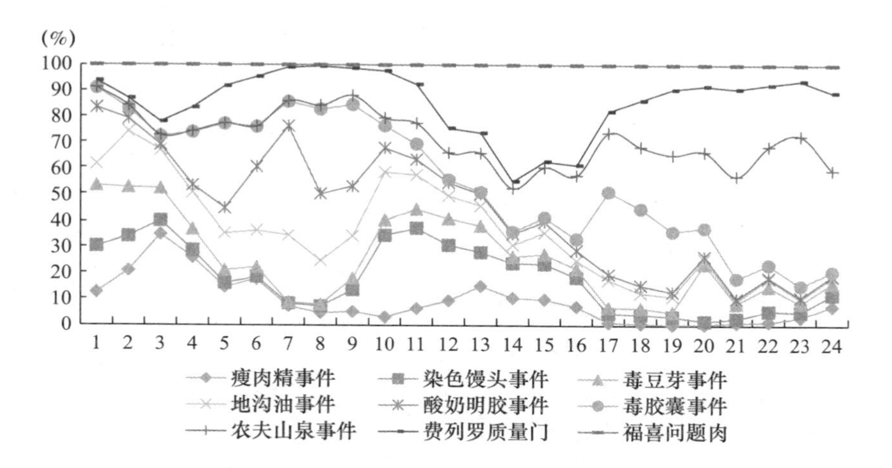

图 5－2　食品安全危机信息微博评论数与拟合值对比

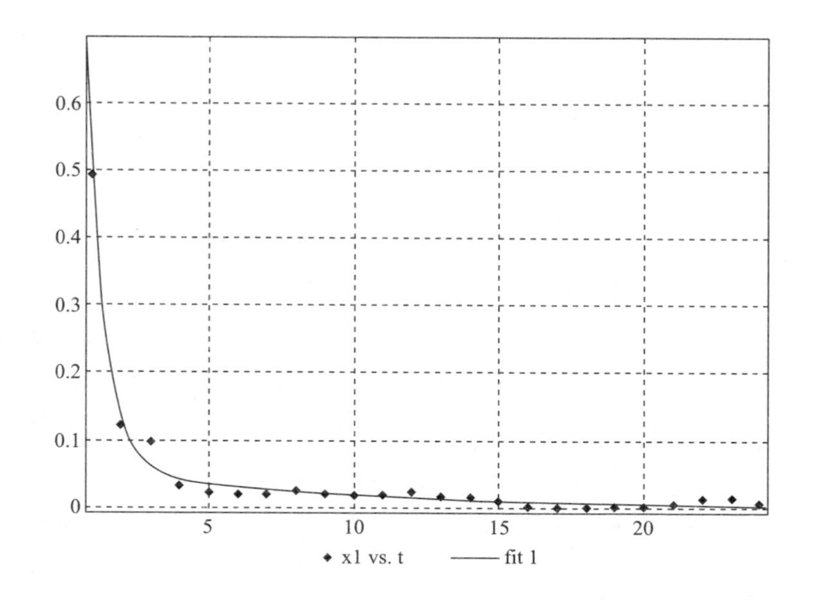

图 5－3　(a)“瘦肉精事件”转发数与拟合值对比

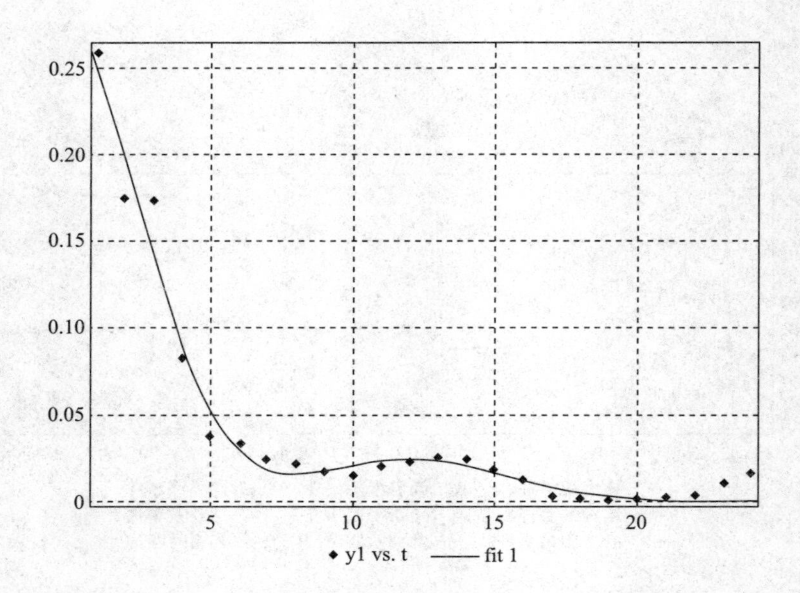

图5－3 （b）“瘦肉精事件”评论数与拟合值对比

第二节　食品安全危机信息传播预测

食品安全危机信息在社交媒体中的传播受到用户行为、对食品安全的认知、相关企业在食品安全危机事件后处理问题的方式、政府部门对事件采取的措施和态度、意见领袖的态度等多方面因素的影响。本节选取近几年来发生的典型食品安全危机事件信息在社交媒体上传播的数据进行模拟、预测，数据采用食品安全危机事件发生后连续60天发帖数量的时间序列数据。对时间序列数据进行分析不需要考虑变量和其他变量之间的关系，只需要根据序列的特点对它的过去值及随机干扰项设计模型，本节对搜集到的九个典型食品安全危机事件信息的时间序列数据进行ARMA模型和BP神经网络预测，并对预测趋势和实际数据进行对比来验证模型预测的精确性。

ARMA 模型因为其在预测时间序列具有较高的准确度而广泛应用于地质灾害预报、社会经济预警、企业危机预警等各方面，不足之处是预测精确度会随着时间长度的增加而降低。

AR 模型 $y_t = \beta_0 + \beta_1 y_{t-1} + \beta_2 y_{t-2} + \cdots + \beta_p y_{t-p} + \varepsilon_t$ （5－4）

式（5－4）中 ε_t 为白噪声，满足 $E(\varepsilon_t)=0$，$Var(\varepsilon_t)=\sigma_\varepsilon^2$，同时不存在自相关 $Cov(\varepsilon_t, \varepsilon_s)=0$，$t \neq s$。

在实践中需要对滞后期数 p 进行估计，本书中采用信息准则 AIC 最小来估计 $\hat{p}$，即

$$\min_p \mathrm{AIC} = \ln(e'e/T) + \frac{2}{T}(p+1) \quad (5-5)$$

式（5－5）中 e′e 表示残差平方和。

MA 模型 $y_t = \mu + \varepsilon_t + \theta_1 \varepsilon_{t-1} + \theta_2 \varepsilon_{t-2} + \cdots + \theta_q \varepsilon_{t-q}$ （5－6）

式（5－6）可以在给定条件 $\varepsilon_0 = \varepsilon_{-1} = \cdots = \varepsilon_{-q} = 0$ 下利用最大似然估计求解。

如果将 AR 模型和 MA 模型结合起来，可以得到 ARMA 模型，ARMA 模型可以更好地拟合数据。

$$y_t = \beta_0 + \beta_1 y_{t-1} + \cdots + \beta_p y_{t-p} + \varepsilon_t + \theta_1 \varepsilon_{t-1} + \cdots + \theta_q \varepsilon_{t-q} \quad (5-7)$$

式（5－6）中 ε_t 也为白噪声。在 $\{y_1, y_2, \cdots, y_p\}$ 和 $\varepsilon_0 = \varepsilon_{-1} = \cdots \varepsilon_{-q+1} = 0$ 成立的条件下，可以用最大似然估计对 ARMA 模型进行估计，首先应该估计式（5－7）中的 p、q 的值。通常先观察事件序列数据的自相关函数（ACF）和偏自相关函数（PACF），通过 ACF 和 PACF 可以判断是否存在 $p=0$ 或者 $q=0$ 的特殊情形，如果 ACF 函数拖尾，PACF 函数截尾，则可以得出 $q=0$。此时 ARMA 模型变为 AR 模型；如果 ACF 函数截尾，PACF 函数偏尾，则可以得出 $p=0$，此时 ARMA 模型变为 MA 模型。如果 ACF 函数与 PACF 函数都拖尾，则 p、q 都不等于 0，可以依据信息准则确定 p、q。

本书的数据采集过程为首先利用网络舆情监测与引导平台——鹰击系统对 2011—2014 年食品安全危机事件相关话题查询，查询结

果显示近四年来最热门的食品安全危机事件为“地沟油事件”“瘦肉精事件”“染色馒头”“福喜问题肉”“毒胶囊”“费列罗质量门”“毒豆芽”“酸奶添加明胶事件”“农夫山泉质量门”。鹰击系统可以监测到的微博数据分为境内和境外数据，境内数据包括新浪、腾讯、网易和搜狐4个微博平台上的数据，境外数据指Twitter平台上的数据。本节所分析的原始数据是通过对鹰击系统的微博境内数据的搜集整理而得。通过对以上9个典型食品安全危机事件境内微博相关数据进行查询，对食品安全危机事件发生后连续60天微博平台上每天相关的发帖量进行统计和整理，数据如表5-5所示。

表5-5　　食品安全危机事件相关话题的预测数据对比

“地沟油事件”				“瘦肉精事件”				“酸奶添加明胶事件”			
时间	帖子数	ARMA	BP	时间	帖子数	ARMA	BP	时间	帖子数	ARMA	BP
2011年9月13日	14372	—	—	2011年3月15日	54989	—	—	2012年4月15日	16576	—	—
2011年9月14日	22290	18563	—	2011年3月16日	62908	59192	—	2012年4月16日	14610	15333	—
2011年9月15日	13302	15610	13304	2011年3月17日	53921	56194	84197	2012年4月17日	936	14000	936
2011年9月16日	8272	14123	8256	2011年3月18日	48892	54734	48937	2012年4月18日	803	10080	990
2011年9月17日	7277	6362	7428	2011年3月19日	47898	46975	48070	2012年4月19日	7322	14834	7369
2011年9月18日	6574	6722	6652	2011年3月20日	47196	47301	47191	2012年4月20日	29101	17400	29070
2011年9月19日	15303	11212	14429	2011年3月21日	55926	51795	55239	2012年4月21日	34245	23573	34242
2011年9月20日	13141	11243	13505	2011年3月22日	53765	51787	53752	2012年4月22日	661	17468	661
2011年9月21日	14880	12226	14742	2011年3月23日	55505	52734	56226	2012年4月23日	19763	5488	9169
2011年9月22日	8342	9370	8403	2011年3月24日	48968	49869	49118	2012年4月24日	18939	18795	18669
2011年9月23日	6280	7172	6358	2011年3月25日	46907	47683	46490	2012年4月25日	24278	8837	24277
2011年9月24日	3790	3731	4319	2011年3月26日	44418	44237	44711	2012年4月26日	16909	11993	16907
2011年9月25日	4556	4220	4875	2011年3月27日	45185	44727	44603	2012年4月27日	717	3051	1504
2011年9月26日	3005	4907	3525	2011年3月28日	43635	45420	44599	2012年4月28日	562	725	941
2011年9月27日	3739	3770	4190	2011年3月29日	44370	44289	43930	2012年4月29日	335	1059	553
2011年9月28日	4525	2825	4761	2011年3月30日	45157	43345	33107	2012年4月30日	328	22	793
2011年9月29日	3865	5119	3383	2011年3月31日	44498	45635	45602	2012年5月1日	327	533	930
2011年9月30日	2688	4676	3325	2011年4月1日	43322	45198	44299	2012年5月2日	303	257	927

续表

"地沟油事件"				"瘦肉精事件"				"酸奶添加明胶事件"			
时间	帖子数	ARMA	BP	时间	帖子数	ARMA	BP	时间	帖子数	ARMA	BP
2011年10月1日	3475	1762	3273	2011年4月2日	44110	42299	41447	2012年5月3日	265	374	820
2011年10月2日	2439	3151	2114	2011年4月3日	43075	43686	43362	2012年5月4日	243	291	669
2011年10月3日	3371	4815	3600	2011年4月4日	44008	45351	43645	2012年5月5日	305	322	558
2011年10月4日	1553	2261	1817	2011年4月5日	42191	42808	47911	2012年5月6日	219	323	738
2011年10月5日	1563	2170	893	2011年4月6日	42202	42731	42309	2012年5月7日	262	283	513
2011年10月6日	2357	2930	2916	2011年4月7日	42997	43494	40191	2012年5月8日	243	318	526
2011年10月7日	2475	3032	3106	2011年4月8日	43116	43598	41787	2012年5月9日	340	288	553
2011年10月8日	2438	3054	3790	2011年4月9日	43080	43630	46591	2012年5月10日	223	325	892
2011年10月9日	2545	3022	2416	2011年4月10日	43188	43605	46348	2012年5月11日	425	243	524
2011年10月10日	3059	3029	4524	2011年4月11日	43703	43613	46792	2012年5月12日	267	332	298
2011年10月11日	2765	3353	3193	2011年4月12日	43410	43941	46721	2012年5月13日	156	181	602
2011年10月12日	3621	3369	5615	2011年4月13日	44267	43965	47495	2012年5月14日	244	201	289
2011年10月13日	4456	3191	4279	2011年4月14日	45103	43786	38284	2012年5月15日	209	212	297
2011年10月14日	4270	4226	4813	2011年4月15日	44918	44815	46666	2012年5月16日	155	169	425
2011年10月15日	3123	4140	2701	2011年4月16日	43772	44734	41784	2012年5月17日	163	155	228
2011年10月16日	4534	2427	4955	2011年4月17日	45184	43032	44791	2012年5月18日	135	154	124
2011年10月17日	2654	3092	3362	2011年4月18日	43305	43689	43636	2012年5月19日	92	132	98
2011年10月18日	4708	4185	4619	2011年4月19日	45360	44787	46333	2012年5月20日	87	123	28
2011年10月19日	2753	2354	4254	2011年4月20日	43406	42960	43692	2012年5月21日	91	129	124
2011年10月20日	2763	3035	3530	2011年4月21日	43417	43645	44088	2012年5月22日	93	132	134
2011年10月21日	2719	2501	6865	2011年4月22日	43374	43116	44864	2012年5月23日	137	135	123
2011年10月22日	2060	2186	6629	2011年4月23日	42716	42806	45121	2012年5月24日	147	149	87
2011年10月23日	1909	2432	3716	2011年4月24日	42566	43060	42229	2012年5月25日	72	136	51
2011年10月24日	3488	1972	4687	2011年4月25日	44146	42607	43621	2012年5月26日	59	111	52
2011年10月25日	2496	2687	3562	2011年4月26日	43155	43318	41112	2012年5月27日	99	128	188
2011年10月26日	4557	3382	5174	2011年4月27日	45217	44019	44546	2012年5月28日	69	142	213
2011年10月27日	1788	2498	2374	2011年4月28日	42449	43135	43474	2012年5月29日	403	130	124
2011年10月28日	1579	2616	2674	2011年4月29日	42241	43262	40889	2012年5月30日	127	234	776
2011年10月29日	1170	957	1639	2011年4月30日	41833	41616	40140	2012年5月31日	68	25	147

续表

"地沟油事件"				"瘦肉精事件"				"酸奶添加明胶事件"			
时间	帖子数	ARMA	BP	时间	帖子数	ARMA	BP	时间	帖子数	ARMA	BP
2011年10月30日	3298	1547	3711	2011年5月1日	43962	42211	43426	2012年6月1日	85	98	82
2011年10月31日	2693	3362	2155	2011年5月2日	43358	44018	43329	2012年6月2日	110	62	189
2011年11月1日	1528	3208	2910	2011年5月3日	42194	43873	47064	2012年6月3日	54	77	130
2011年11月2日	3561	717	3887	2011年5月4日	44228	41401	44142	2012年6月4日	36	37	128
2011年11月3日	4701	2344	4839	2011年5月5日	45369	43017	41224	2012年6月5日	48	48	238
2011年11月4日	1590	5548	2633	2011年5月6日	42259	46204	44712	2012年6月6日	36	45	283
2011年11月5日	1394	1601	1758	2011年5月7日	42064	42289	41356	2012年6月7日	46	39	252
2011年11月6日	1277	1364	1830	2011年5月8日	41948	39341	40399	2012年6月8日	41	43	283
2011年11月7日	2036	3517	2882	2011年5月9日	42708	44203	41295	2012年6月9日	46	35	255
2011年11月8日	6955	3547	7227	2011年5月10日	47628	44240	40067	2012年6月10日	76	37	268
2011年11月9日	4531	2408	4347	2011年5月11日	45205	43098	44187	2012年6月11日	52	37	256
2011年11月10日	2842	5475	2405	2011年5月12日	43517	46155	42985	2012年6月12日	44	15	184
2011年11月11日	1361	1619	1893	2011年5月13日	42037	42312	41775	2012年6月13日	30	12	240
"费列罗质量门"				"农夫山泉质量门"				"染色馒头"			
时间	帖子数	ARMA	BP	时间	帖子数	ARMA	BP	时间	帖子数	ARMA	BP
2013年4月10日	619	1340	—	2013年3月8日	422	—	—	2011年4月12日	10779	—	—
2013年4月11日	32063	1099	—	2013年3月9日	2240	—	—	2011年4月13日	25713	16709	—
2013年4月12日	38322	32583	38322	2013年3月10日	2260002	—	85518	2011年4月14日	12910	13542	12893
2013年4月13日	3209	7518	3209	2013年3月11日	2258958	2224859	2258951	2011年4月15日	5122	10994	5122
2013年4月14日	5251	2466	45772	2013年3月12日	845	39192	841	2011年4月16日	3612	8944	8911
2013年4月15日	6201	9483	49597	2013年3月13日	901	39610	909	2011年4月17日	4729	7295	4729
2013年4月16日	1010	1447	1010	2013年3月14日	606	25960	72921	2011年4月18日	9417	5968	9418
2013年4月17日	923	4256	923	2013年3月15日	3250	70329	70183	2011年4月19日	5095	4901	5099
2013年4月18日	4134	1497	928	2013年3月16日	768	44162	90418	2011年4月20日	7396	4042	7396
2013年4月19日	7272	7410	7272	2013年3月17日	500	18309	53733	2011年4月21日	2483	3351	2483
2013年4月20日	956	1678	974	2013年3月18日	606	49388	70352	2011年4月22日	2106	2796	2382
2013年4月21日	901	1098	901	2013年3月19日	505	16344	73245	2011年4月23日	2186	2349	2185
2013年4月22日	944	1619	845	2013年3月20日	498	42691	71635	2011年4月24日	1940	1989	1953
2013年4月23日	795	1144	853	2013年3月21日	542	62064	72355	2011年4月25日	1676	1700	1689

续表

"费列罗质量门"				"农夫山泉质量门"				"染色馒头"			
时间	帖子数	ARMA	BP	时间	帖子数	ARMA	BP	时间	帖子数	ARMA	BP
2013年4月24日	505	1468	638	2013年3月22日	798	21740	72757	2011年4月26日	1283	1467	1286
2013年4月25日	614	858	640	2013年3月23日	453	32244	74417	2011年4月27日	2394	1279	2376
2013年4月26日	477	1573	586	2013年3月24日	431	39877	69743	2011年4月28日	1076	1129	1120
2013年4月27日	548	726	464	2013年3月25日	2314	5476	72222	2011年4月29日	1329	1008	1326
2013年4月28日	614	1638	603	2013年3月26日	26155	51610	85933	2011年4月30日	1777	910	1848
2013年4月29日	665	797	622	2013年3月27日	25041	39864	41068	2011年5月1日	2285	832	2345
2013年4月30日	645	1683	697	2013年3月28日	16653	6399	50062	2011年5月2日	1495	768	1576
2013年5月1日	718	783	718	2013年3月29日	877	8025	42521	2011年5月3日	707	718	710
2013年5月2日	654	1750	745	2013年3月30日	706	10814	55496	2011年5月4日	805	677	801
2013年5月3日	672	726	741	2013年3月31日	574	27094	71159	2011年5月5日	1111	644	956
2013年5月4日	614	1761	735	2013年4月1日	603	22318	71417	2011年5月6日	2170	618	2179
2013年5月5日	706	675	685	2013年4月2日	2125	2249	72656	2011年5月7日	534	596	546
2013年5月6日	776	1846	705	2013年4月3日	643	11217	83472	2011年5月8日	352	579	422
2013年5月7日	748	752	812	2013年4月4日	518	1517	61177	2011年5月9日	672	565	602
2013年5月8日	882	1811	817	2013年4月5日	447	18681	71454	2011年5月10日	796	554	781
2013年5月9日	545	892	807	2013年4月6日	455	26863	71849	2011年5月11日	902	545	984
2013年5月10日	631	1471	641	2013年4月7日	423	14302	72459	2011年5月12日	947	538	963
2013年5月11日	779	981	620	2013年4月8日	682	4556	72143	2011年5月13日	694	532	713
2013年5月12日	668	1614	712	2013年4月9日	722	8961	74425	2011年5月14日	831	528	878
2013年5月13日	921	874	740	2013年4月10日	24171	5675	72765	2011年5月15日	958	524	1044
2013年5月14日	657	1861	653	2013年4月11日	18855	13224	62840	2011年5月16日	769	521	963
2013年5月15日	587	618	530	2013年4月12日	115452	28378	51517	2011年5月17日	687	519	753
2013年5月16日	582	1784	644	2013年4月13日	41723	8696	11860	2011年5月18日	673	517	722
2013年5月17日	530	621	621	2013年4月14日	16823	58862	135720	2011年5月19日	592	515	650
2013年5月18日	592	1725	556	2013年4月15日	16828	102857	35262	2011年5月20日	421	514	477
2013年5月19日	591	689	607	2013年4月16日	25028	50988	63088	2011年5月21日	365	513	482
2013年5月20日	712	1717	631	2013年4月17日	18929	41156	43611	2011年5月22日	342	512	319
2013年5月21日	617	816	670	2013年4月18日	16680	61561	49966	2011年5月23日	245	511	274
2013年5月22日	539	1617	695	2013年4月19日	30233	5789	58444	2011年5月24日	391	511	334

续表

"费列罗质量门"				"农夫山泉质量门"				"染色馒头"			
时间	帖子数	ARMA	BP	时间	帖子数	ARMA	BP	时间	帖子数	ARMA	BP
2013年5月23日	527	744	565	2013年4月20日	44685	76547	4698	2011年5月25日	214	510	146
2013年5月24日	525	1600	571	2013年4月21日	17895	78933	109788	2011年5月26日	338	510	370
2013年5月25日	717	747	576	2013年4月22日	13637	36579	41991	2011年5月27日	23	510	18
2013年5月26日	528	1785	547	2013年4月23日	11460	23877	53330	2011年5月28日	24	510	35
2013年5月27日	537	566	578	2013年4月24日	1072	39468	60615	2011年5月29日	12	509	15
2013年5月28日	596	1786	584	2013年4月25日	914	7641	7012	2011年5月30日	24	509	26
2013年5月29日	631	632	611	2013年4月26日	884	54668	71315	2011年5月31日	27	509	7
2013年5月30日	767	1814	665	2013年4月27日	850	49492	72270	2011年6月1日	24	509	20
2013年5月31日	902	775	717	2013年4月28日	705	591	72233	2011年6月2日	14	509	27
2013年6月1日	1048	1941	804	2013年4月29日	724	39209	71356	2011年6月3日	22	509	22
2013年6月2日	552	927	560	2013年4月30日	552	24498	72606	2011年6月4日	18	509	8
2013年6月3日	496	1442	495	2013年5月1日	659	25815	71105	2011年6月5日	16	509	11
2013年6月4日	319	875	526	2013年5月2日	3246	55232	73263	2011年6月6日	21	509	3
2013年6月5日	539	1262	535	2013年5月3日	25233	31176	90034	2011年6月7日	22	509	5
2013年6月6日	648	1096	642	2013年5月4日	18907	24943	46034	2011年6月8日	25	509	8
2013年6月7日	520	1370	610	2013年5月5日	11700	28585	49491	2011年6月9日	16	509	13
2013年6月8日	662	971	536	2013年5月6日	134999	20843	40478	2011年6月10日	26	509	24
"福喜问题肉"				"毒豆芽"				"毒胶囊"			
时间	帖子数	ARMA	BP	时间	帖子数	ARMA	BP	时间	帖子数	ARMA	BP
2014年7月20日	2655	—	—	2011年4月17日	17	—	—	2012年4月15日	24861	—	—
2014年7月21日	14041	—	—	2011年4月18日	631	—	—	2012年4月16日	31848	17414	—
2014年7月22日	10548	11168	10546	2011年4月19日	2900	—	2900	2012年4月17日	89435	41956	89424
2014年7月23日	14671	13244	14671	2011年4月20日	4032	3825	4032	2012年4月18日	119603	97917	119602
2014年7月24日	7346	8430	7346	2011年4月21日	2308	2328	2308	2012年4月19日	152764	102791	152764
2014年7月25日	7948	7501	7948	2011年4月22日	995	1035	995	2012年4月20日	136761	154197	136761
2014年7月26日	5646	5517	86966	2011年4月23日	729	761	729	2012年4月21日	58943	100914	58943
2014年7月27日	2887	4517	28419	2011年4月24日	722	939	715	2012年4月22日	68414	43284	68414
2014年7月28日	6035	3489	6015	2011年4月25日	1104	948	1104	2012年4月23日	85894	89151	85961
2014年7月29日	1785	2791	1705	2011年4月26日	538	726	538	2012年4月24日	77739	69314	77740

续表

"福喜问题肉"				"毒豆芽"				"毒胶囊"			
时间	帖子数	ARMA	BP	时间	帖子数	ARMA	BP	时间	帖子数	ARMA	BP
2014年7月30日	2349	2196	2349	2011年4月27日	723	500	725	2012年4月25日	70646	76873	70649
2014年7月31日	1124	1751	1134	2011年4月28日	564	395	564	2012年4月26日	66753	60039	66757
2014年8月1日	671	1393	576	2011年4月29日	443	368	456	2012年4月27日	45612	67171	45610
2014年8月2日	1246	1117	1093	2011年4月30日	234	342	220	2012年4月28日	18266	31278	18266
2014年8月3日	1281	899	1167	2011年5月1日	269	295	319	2012年4月29日	21089	19952	21086
2014年8月4日	800	728	831	2011年5月2日	287	248	269	2012年4月30日	17921	25530	17845
2014年8月5日	535	594	396	2011年5月3日	229	217	219	2012年5月1日	10627	13920	10668
2014年8月6日	406	490	301	2011年5月4日	231	200	190	2012年5月2日	6501	12191	6501
2014年8月7日	487	407	450	2011年5月5日	270	188	246	2012年5月3日	12657	5882	12839
2014年8月8日	252	343	100	2011年5月6日	272	175	276	2012年5月4日	9552	17651	9518
2014年8月9日	288	293	674	2011年5月7日	140	163	139	2012年5月5日	10571	4084	10792
2014年8月10日	1524	253	1415	2011年5月8日	106	155	520	2012年5月6日	5352	16476	5225
2014年8月11日	224	222	207	2011年5月9日	280	149	112	2012年5月7日	10611	-934	26801
2014年8月12日	189	198	181	2011年5月10日	160	144	159	2012年5月8日	11736	19733	11713
2014年8月13日	192	179	114	2011年5月11日	143	140	137	2012年5月9日	9684	4435	6027
2014年8月14日	166	164	141	2011年5月12日	171	137	98	2012年5月10日	11507	15103	7957
2014年8月15日	115	152	92	2011年5月13日	178	135	96	2012年5月11日	11679	8323	11593
2014年8月16日	75	143	85	2011年5月14日	73	133	107	2012年5月12日	9560	14563	9758
2014年8月17日	109	136	32	2011年5月15日	169	131	105	2012年5月13日	1065	6616	4840
2014年8月18日	279	130	44	2011年5月16日	282	130	290	2012年5月14日	874	1585	957
2014年8月19日	164	126	381	2011年5月17日	192	129	193	2012年5月15日	923	3664	1233
2014年8月20日	119	122	100	2011年5月18日	164	128	77	2012年5月16日	926	1136	1472
2014年8月21日	128	120	86	2011年5月19日	186	128	110	2012年5月17日	932	2933	1451
2014年8月22日	60	118	73	2011年5月20日	114	127	95	2012年5月18日	982	1282	1456
2014年8月23日	61	116	29	2011年5月21日	103	127	51	2012年5月19日	732	2684	1520
2014年8月24日	100	115	2	2011年5月22日	159	127	104	2012年5月20日	678	1152	1185
2014年8月25日	68	114	16	2011年5月23日	128	126	116	2012年5月21日	7354	2315	1246
2014年8月26日	80	113	27	2011年5月24日	139	126	88	2012年5月22日	1242	10230	1208
2014年8月27日	90	112	39	2011年5月25日	87	126	94	2012年5月23日	1006	-3263	1350

续表

"福喜问题肉"				"毒豆芽"				"毒胶囊"			
时间	帖子数	ARMA	BP	时间	帖子数	ARMA	BP	时间	帖子数	ARMA	BP
2014年8月28日	285	112	61	2011年5月26日	76	126	83	2012年5月24日	928	7119	1110
2014年8月29日	230	111	161	2011年5月27日	84	126	41	2012年5月25日	1157	-2087	1378
2014年8月30日	66	111	160	2011年5月28日	38	126	12	2012年5月26日	2137	5832	1800
2014年8月31日	88	111	96	2011年5月29日	54	126	48	2012年5月27日	7752	440	7685
2014年9月1日	125	111	38	2011年5月30日	81	126	3	2012年5月28日	1636	12699	1589
2014年9月2日	208	110	44	2011年5月31日	121	126	39	2012年5月29日	566	-4590	396
2014年9月3日	115	110	67	2011年6月1日	69	126	19	2012年5月30日	506	7828	248
2014年9月4日	59	110	125	2011年6月2日	74	126	24	2012年5月31日	387	-3267	1008
2014年9月5日	53	110	17	2011年6月3日	84	126	12	2012年6月1日	313	5703	850
2014年9月6日	41	110	13	2011年6月4日	58	126	8	2012年6月2日	272	-2090	581
2014年9月7日	54	110	48	2011年6月5日	33	126	9	2012年6月3日	390	4367	374
2014年9月8日	72	110	68	2011年6月6日	268	126	205	2012年6月4日	220	-962	324
2014年9月9日	99	110	1	2011年6月7日	178	126	178	2012年6月5日	428	3318	521
2014年9月10日	97	110	47	2011年6月8日	90	126	39	2012年6月6日	451	-48	164
2014年9月11日	130	110	74	2011年6月9日	71	126	81	2012年6月7日	375	2853	754
2014年9月12日	122	110	50	2011年6月10日	203	126	39	2012年6月8日	279	320	751
2014年9月13日	83	110	80	2011年6月11日	176	126	172	2012年6月9日	236	2322	531
2014年9月14日	48	110	46	2011年6月12日	81	126	136	2012年6月10日	198	551	255
2014年9月15日	50	110	16	2011年6月13日	64	126	82	2012年6月11日	283	1976	99
2014年9月16日	67	110	46	2011年6月14日	47	126	5	2012年6月12日	234	871	31
2014年9月17日	78	110	18	2011年6月15日	42	126	19	2012年6月13日	246	1749	265

通过表5-5中食品安全事件相关话题在社交媒体中传播的时间序列数据可以发现：当食品安全危机发生后，社交媒体中相关话题的发帖数量一两天之内就会达到数万条，最高日发帖数量达到数百万，随着时间推移，数据变得较为平稳，但是即使食品安全危机过后很长时间，危机相关的话题每天仍在继续。

时间序列数据趋势预测应用比较多的模型为自回归移动平均模

型（Autoregressive Moving Average Model，ARMA）和神经网络模型（Back Propagation，BP）。本节分别用 ARMA 模型和 BP 神经网络对食品安全危机事件相关话题的数据进行模拟和预测。

一　ARMA 预测

首先对时间序列数据进行单位根检验来确定该序列是否具有非平稳性，通过平稳性检验可以确定序列是否含有单位根及所含有的单位根的个数，本章采用的检验平稳性的方法为 ADF（Augmented Dickey - Fuller Test），分别用 z1—z9 代表 9 个事件每天在新浪、腾讯、网易、搜狐 4 个微博平台上的帖子数，检验结果如表 5 - 6 所示。

表 5 - 6　ADF 检验结果

变量	z1	z2	z3	z4	z5	Test critical values	t - Statistic
ADF 检验统计量	-3.1565	-3.1628	-39.9271	-4.3329	-4.4910	1% level	-3.5461
						5% level	-2.9117
						10% level	-2.5936
变量	z6	z7	z8	z9		Test critical values	t - Statistic
ADF 检验统计量	-3.2426	-2.6020	-13.4834	-7.5951		1% level	-3.5461
						5% level	-2.9117
						10% level	-2.5936

表 5 - 6 中 ADF 检验结果表明：序列 z3、z4、z5、z8、z9 在 1% 的显著性水平下为平稳序列；序列 z1、z2、z6 在 5% 的显著性水平下为平稳序列；序列 z7 在 10% 的显著性水平下为平稳序列，说明以上九个序列在 10% 的显著性水平下都为平稳序列，所以无须进行差分变换，即无须用扩展的 ARIMA 模型，模型形式仍为 ARMA。

通过各序列的自相关和偏自相关图进行初步判断，然后再利用 AIC 和 SC 信息值确定模型中具体 P、Q 值，P、Q 值的确定结果见表 5 - 7，预测结果见表 5 - 5 中 ARMA 预测值序列。

表 5 - 7 ARMA 模型结果

	z1	z2	z3	z4	z5	z6	z7	z8	z9
P	1	1	1	0	3	1	2	3	1
Q	3	3	2	1	2	1	2	3	2
AIC	17.9666	17.9614	19.8976	19.6481	24.2641	17.9223	15.6009	12.0077	21.9377
SC	18.1427	18.1375	20.0384	19.6830	24.4791	18.0280	15.7785	12.2586	22.0786

二 BP 神经网络预测

人工神经网络一般简称为神经网络，心理学家 Mcculloch 和数学家 Pitts 首次在 20 世纪 40 年代提出神经元模型，50 年代 Frank Rosenblatt 构造了一种感知机网络，定义为感知器，开启了人工神经网络的实际应用。到 1969 年，Minsky 和 Papert 合作发表了 *Perceptron* 一书，对当时的研究者产生了消极悲观的影响。20 世纪 80 年代，Hopfield 提出的网络模型使神经网络的研究走出低潮。20 世纪 90 年代以来，神经网络在纵向和横向都得到了迅速发展，和其他智能方法的结合发展并广泛应用于各个领域。

人工神经元是利用数学模型对人脑细胞结构的简化和抽象来反映大脑神经细胞的活动规律和特征。人工神经网络类型分很多种，但是人工神经元基本是相同的，基本的人工神经元示意图如图 5 - 4 所示。

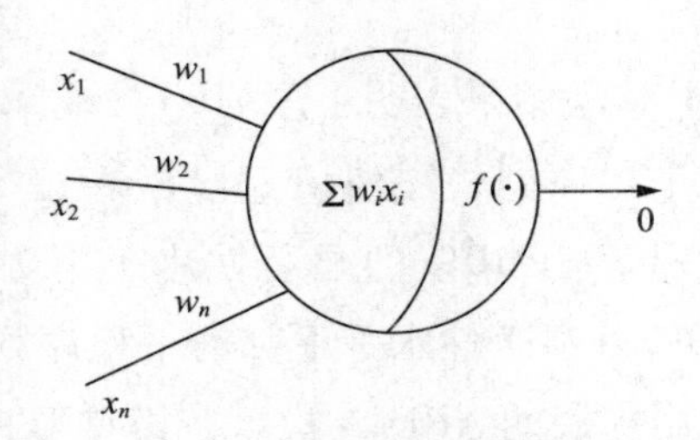

图 5 - 4 人工神经元

图 5 - 4 中，x_1，x_2，…，x_n 表示人工神经元的 n 个输入，w_1，

w_2，…，w_n 表示链接强度，$\sum w_i x_i$ 表示神经元的激活值，o 表示输出，当模型中神经元激活值 $\sum w_i x_i$ 超过阈值 θ 时，神经元就会被激活而发放脉冲，否则神经元不会输出信号。图 5－4 也可以用公式描述为：$o = f(\sum w_i x_i - \theta)$。

1958 年，Frank Rosenblatt 在他的论文中提出感知器神经元模型，在图 5－5 中的感知器模型中，一层为输入层，另一层为计算单元，感知器模型可以应用于简单的模式分类，也可以用于多模态控制。

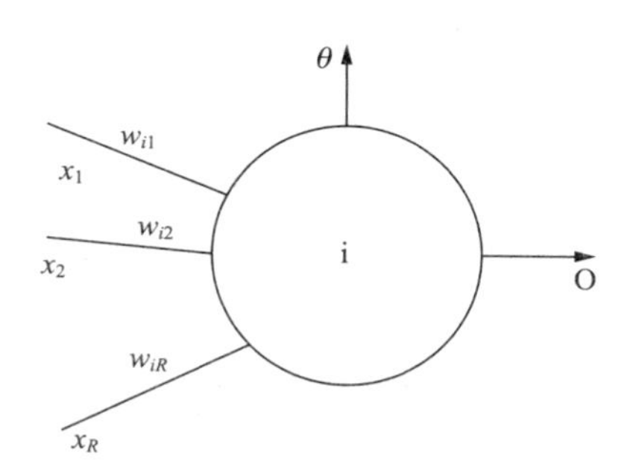

图 5－5　感知器模型

感知器模型的每一个输入都有一个合适的权重数对应，阈值的输入等于每一个输入和它对应的权重数的加权和，和基本的人工神经模型不同之处是它的阈值采用的是二元函数，如：

$$f(x) = \begin{cases} 1, & \text{if } w_i x_i > 0 \\ 0, & \text{else} \end{cases} \tag{5-8}$$

而感知器模型的实际输出函数为：$o = f\left(\sum_{i=-1}^{R} w_i x_i - b\right)$，式中 b 指阈值。简单的感知器网络结构可以用图 5－6 来描述。

图 5－6 中的网络结构可以写成感知器处理单元对其输入的加权和操作，即 $n_i = \sum_{i=1}^{R} w_{ij} p_j$，而其输出 $a_i = f(n_i + b_i)$，当 $n_i + b_i > 0$ 时，

感知器的输出为1，否则为0。

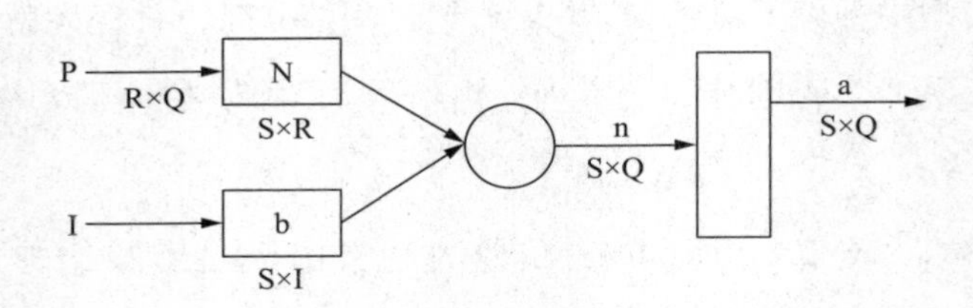

图5－6　简单感知器网络结构

本节中采用MATIAB R2013a中的BP神经网络工具箱对表5－5中的食品安全危机信息的发帖数据进行预测，网络输出值结果见表5－5中BP预测值序列，图5－7（a）至图5－7（i）是发帖数据的实际值和ARMA预测值以及BP神经网络输出值之间的对比曲线，从对比图中可以看出两种方法预测的曲线和实际数据曲线都非常接近。结合表5－5中的预测值和图5－7（a）至图5－7（i）中的对比图可以得出，从总体预测效果来看，BP神经网络预测值和ARMA预测值都比较接近实际值，预测效果都很好，从长期预测效果看，BP神经网络预测值要比ARMA预测值更精确，有部分预测数据和实际数据完全吻合，但是BP神经网络短期内个别预测值偏离实际值较大，短期内ARMA模型预测精确度更高一些，从结果稳定性来看，ARMA预测要优于BP神经网络预测。

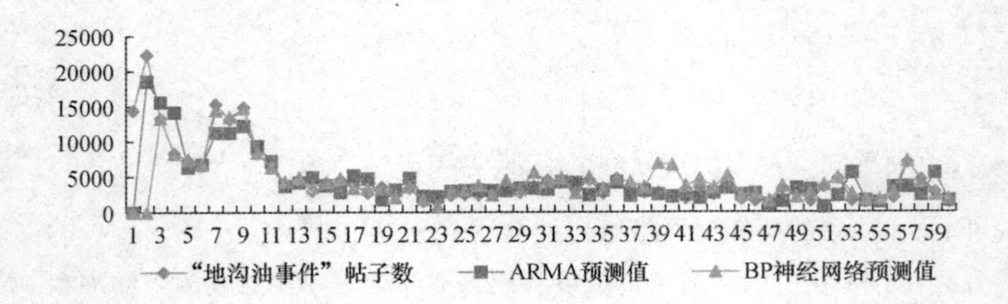

图5－7　（a）"地沟油事件"对比

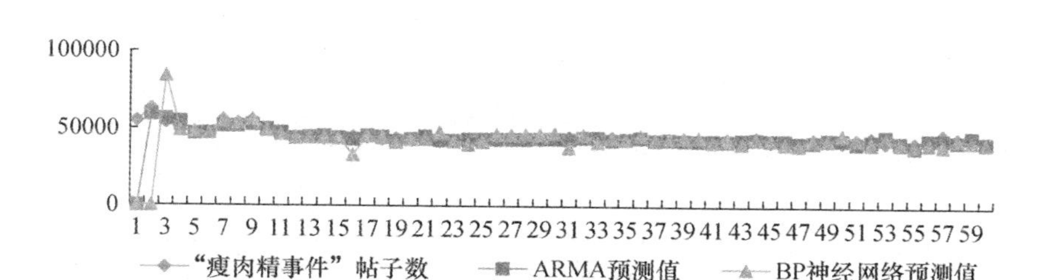

图5-7　(b)"瘦肉精事件"对比

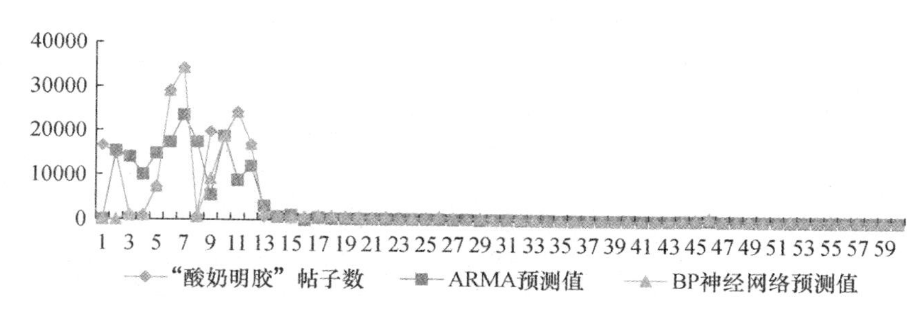

图5-7　(c)"酸奶明胶事件"对比

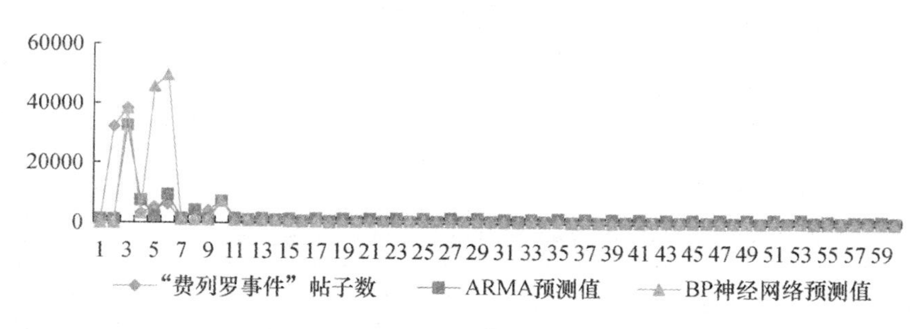

图5-7　(d)"费列罗事件"对比

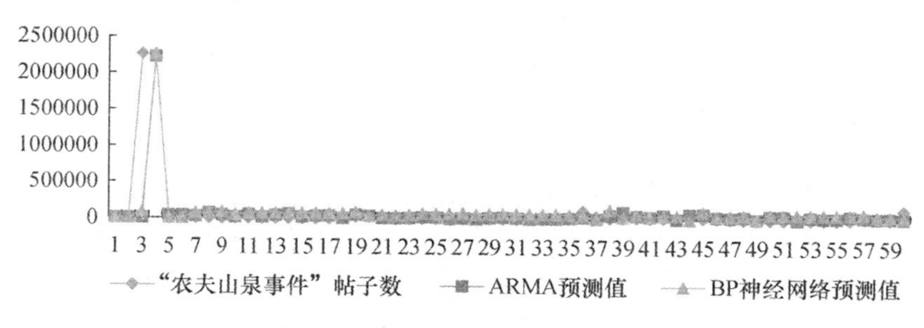

图5-7　(e)"农夫山泉事件"对比

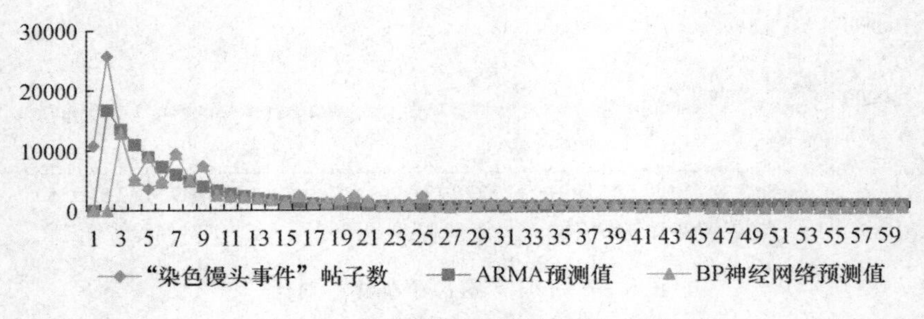

图5－7 (f)"染色馒头事件"对比

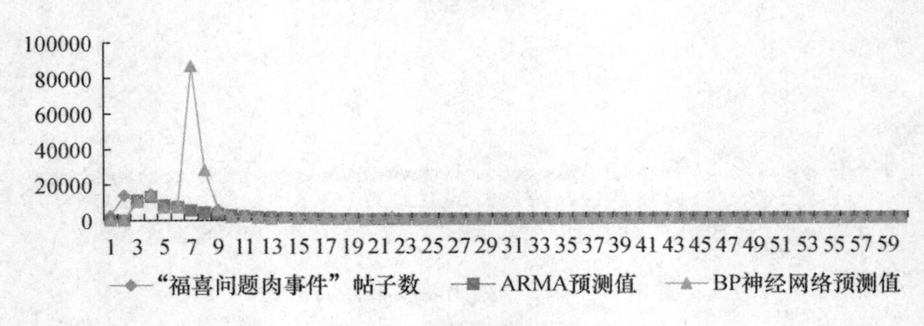

图5－7 (g)"福喜问题肉事件"对比

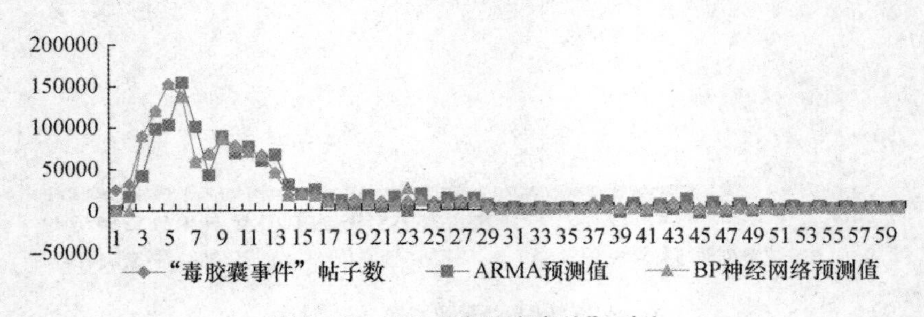

图5－7 (h)"毒胶囊事件"对比

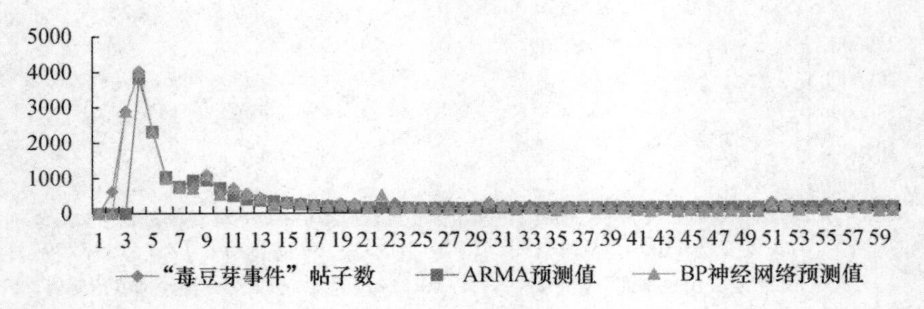

图5－7 (i)"毒豆芽事件"对比

通过以上对食品安全危机信息传播的短期和长期分析可知，短期内当食品安全危机信息源头发布危机信息后，每个小时内的转发或评论数会高达上万条，说明食品安全事件发生后短时间内会得到微博用户的高度关注和传播，通过对 9 个典型食品安全事件信息的短期传播速度拟合发现，短期内的传播速度都可以用高斯函数得到很好的拟合，标准误差都在 0.01 左右，说明高斯函数在社交媒体平台上的食品安全类信息传播速度分析中具有适用性。而从长期趋势来看，由"瘦肉精事件"可知，即使危机事件已经过去了 60 天，微博平台上每天相关内容的帖子数量仍然高达 4 万条以上。食品安全危机发生后很长一段时间，微博用户对危机的信息仍然关注度很高，而且维持在相对稳定的状态，以上研究结论为社交媒体平台上食品安全类舆情的监测和预警提供了理论依据。

近年来，社会上频繁突发社会公共事件，社会稳定性明显降低，且突发事件呈现逐年递增态势。例如：2014 年 2 月 24 日，成都在建隧道爆炸造成 20 余人伤亡；2014 年 7 月 20 日，上海"福喜事件"被曝光；2015 年 2 月 6 日，以色列空袭 IS 组织造成多人伤亡；2015 年 2 月 13 日，上海美领馆遭轿车冲撞；2016 年 2 月 21 日，叙利亚发生连环爆炸，造成几百人死伤；2016 年 2 月 1 日和 27 日阿富汗先后发生了两起爆炸案，造成 60 人死亡；2017 年 3 月 20 日，连锁餐厅黄记煌三汁焖锅再度被曝光食品安全问题；2017 年 4 月 8 日，菲律宾发生 5.7 级地震；2017 年 5 月 2 日，内蒙古大兴安岭森林发生火灾；2017 年 4 月 9 日，华裔乘客被美联航暴力拖下飞机；2017 年 4 月 11 日，深圳边防支队查获一批走私冻品。突发事件往往带来巨大的人员伤亡，对社会治安和社会经济也会产生很大的影响。

在最近几年发生的典型突发事件中，本章对几个比较典型的例子进行了其网络舆情传播规律的分析。微博作为一个最常用的信息交互平台，网民可以随时在上面了解到发生的最新事件、紧急的通知或者最新信息，可以随时在上面记录下他们对事件的看法和态度，能让博友们随时关注和分享，所以，我以微博为载体，分析了以下几个突发事件在网络上的舆情传播规律。

（1）继2013年连锁餐厅黄记煌三汁焖锅被曝光食品安全问题之后，2017年3月20日，南昌的黄记煌再次被曝光食品安全问题：厨师没有健康证明；蔬菜的配料不进行清洗，并称不能洗、洗了会烂；使用的酱料已经过期；章鱼变质、蟹棒掺假；甚至还用84消毒液洗碗。该报道是由央视新闻2017年3月20日21时在微博平台发布，表5－8是该报道发出后24小时内的评论量和转发量。

表5－8　　黄记煌微博报道后24小时内的评论量和转发量

时间点	1：00	2：00	3：00	4：00	5：00	6：00	7：00	8：00	9：00	10：00	11：00	12：00	13：00
评论量	67	186	45	8	12	85	326	274	72	32	37	22	13
转发量	23	56	13	5	2	44	120	82	38	20	11	8	2
时间点	14：00	15：00	16：00	17：00	18：00	19：00	20：00	21：00	22：00	23：00	00：00		
评论量	5	10	13	10	10	8	8	528	585	430	132		
转发量	7	6	6	1	3	1	5	125	210	158	65		

由表5－8可以看出，该事件的评论量和转发量在3月20日21时刚报道后的一个小时出现巅峰；从21时至次日凌晨1时，评论量和转发量在迅速下降；从凌晨1—2点，评论量和转发量略有回升后并下降返回原数量；从凌晨3—5点，由于网民都已经进入了休息，此时的评论量和转发量在缓缓下降；随后在上午七点钟，评论量和转发量都有了大幅度的回升而后持续下降。

（2）央视新闻于2017年4月11日16时在微博上发布了这么一篇报道：深圳边防支队查获一艘走私货船，查出冻凤爪、猪排、猪蹄、猪软骨、鸡翅尖、鸡脚等走私冻品630吨，案值约3700万元。部分走私冻品来自美国、巴西等地的疫区，一旦流入市场，可能对食品安全带来隐患，表5－9是该报道发出后24小时内的评论量和转发量。

由表 5－9 可以看出，该事件在 4 月 11 日 16 时刚报道后的一个小时评论量和转发量出现巅峰；从 17 时至 22 时，评论量和转发量都在迅速下降；从 22 时开始至次日的 16 时，评论量和转发量趋于平稳。

表 5－9　走私食品微博报道后 24 小时内的评论量和转发量

时间	1：00	2：00	3：00	4：00	5：00	6：00	7：00	8：00	9：00	10：00	11：00	12：00	13：00
评论量	11	1	2	3	0	1	3	5	14	13	10	7	6
转发量	11	1	2	3	0	1	0	10	8	6	14	0	0
时间	14：00	15：00	16：00	17：00	18：00	19：00	20：00	21：00	22：00	23：00	00：00		
评论量	6	6	10	547	336	171	75	55	52	63	33		
转发量	1	7	6	334	161	136	86	66	43	38	38		

（3）央视新闻于 2017 年 4 月 11 日 12 时在微博发布了这么一篇报道：2017 年 4 月 9 日，美联航一航班超员，一位乘客因次日工作拒绝放弃座位，没想到居然被工作人员暴力拖下了飞机，这位乘客在反抗中撞到座位扶手弄得满嘴都是血。根据央视记者的初步了解，当事乘客是位 69 岁的华人。4 月 10 日，美联航总裁发表了道歉声明。该报道一经发布，短时间内便引发了无数网友的评论和转发。表 5－10 是该报道发出后 24 小时内的评论量和转发量。

表 5－10　该事件在微博报道后 24 小时内的评论量和转发量

时间	1：00	2：00	3：00	4：00	5：00	6：00	7：00	8：00	9：00	10：00	11：00	12：00	13：00
评论量	180	91	29	18	13	10	23	49	135	100	87	112	1264
转发量	170	63	29	21	12	14	35	76	118	106	93	120	1339
时间	14：00	15：00	16：00	17：00	18：00	19：00	20：00	21：00	22：00	23：00	00：00		
评论量	490	473	450	447	422	377	335	299	359	317	335		
转发量	676	578	547	526	500	437	440	397	413	432	338		

由表5-10可以看出，该事件的评论量和转发量在4月11日12时刚报道后的一小时出现巅峰；从13时至14时，评论量和转发量在快速下降；从14时至次日凌晨2时，评论量和转发量缓缓下降；随后至中午12时，评论量和转发量趋于平稳略有回升。

（4）央视新闻于2017年4月25日在微博发布：白银市人民检察院依法以故意强奸罪对被告人高承勇提起公诉。表5-11是报道发出后24小时内的评论量和转发量。

表5-11　该事件在微博报道后24小时内的评论量和转发量

时间	1：00	2：00	3：00	4：00	5：00	6：00	7：00	8：00	9：00	10：00	11：00	12：00	13：00
评论量	0	0	0	0	0	0	0	0	332	149	71	37	26
转发量	0	0	0	0	0	0	0	0	157	115	110	62	38
时间	14：00	15：00	16：00	17：00	18：00	19：00	20：00	21：00	22：00	23：00	00：00		
评论量	13	10	25	10	10	16	3	6	5	3	3		
转发量	17	11	4	0	9	9	2	0	0	0	0		

从表5-11可以看出，该事件的评论量和转发量在4月25日8时刚报道后的一个小时出现巅峰；从顶峰后至14时评论量和转发量持续下降；随后至次日的8时，评论量和转发量趋近于零。

（5）央视新闻在2017年5月3日16时发布了这么一篇报道：2017年5月2日，内蒙古大兴安岭北大河林场发生森林大火。由于林区沟塘草甸植被干枯，火场风力大且风向突变，火势蔓延迅速，火场面积约5000公顷，扑救工作面临很大困难。截至目前，火灾扑救工作仍在进行，已调动8365人参与扑救。该报道一经发布，短时间内便引发了无数网友的评论和转发。表5-12是该报道发出后24小时内的评论量和转发量。

由表5-12可以看出，该事件的评论量在5月3日16时刚报道后的一个小时后出现了巅峰；转发量则在事件报道的两个小时后出现了顶峰；评论量和转发量都是从顶峰出现后至晚上23时一直在持续地下降；随后至次日的16时，评论量和转发量的波动很小，趋近于零。

表5-12 该事件在微博报道后24小时内的评论量和转发量

时间	1：00	2：00	3：00	5：00	6：00	7：00	8：00	9：00	10：00	11：00	12：00	13：00
评论量	4	2	1	0	3	2	6	3	6	1	2	0
转发量	16	5	2	2	7	8	10	11	14	3	23	14
时间	14：00	15：00	16：00	17：00	19：00	20：00	21：00	22：00	23：00	00：00		
评论量	3	3	1	324	82	49	29	21	9	23		
转发量	4	3	1	113	161	77	55	90	76	18		

（6）央视新闻在2017年5月3日16时发布了这么一篇报道：经中国地震台网正式测定，2017年4月8日15时7分在菲律宾（北纬13.65度，东经120.90度）发生5.7级地震，震源深度10千米。该报道一经发布，短时间内便引来广大网友的关注。表5-13是该报道发出后24小时内的评论量和转发量。

表5-13 该事件在微博报道后24小时内的评论量和转发量

时间	1：00	2：00	3：00	4：00	5：00	6：00	7：00	8：00	9：00	10：00	11：00	12：00	13：00
评论量	21	10	2	3	2	2	0	5	10	5	4	1	2
转发量	7	3	0	1	1	0	2	1	1	0	1	2	1
时间	14：00	15：00	16：00	17：00	18：00	19：00	20：00	21：00	22：00	23：00	00：00		
评论量	3	1	0	404	202	89	44	47	53	28	25		
转发量	0	1	3	104	37	21	16	6	16	7	9		

由表5-13可以看出，该事件的评论量和转发量在5月3日16时刚报道后的一个小时出现巅峰；随后至次日凌晨1时持续下降；随后至下午16时变化趋于平稳。

以上六个案例中，案例一和案例二为食品安全突发事件；案例三和案例四为暴力突发事件；案例五和案例六为自然灾害突发事件。通过对比可以看出三个基本规律：第一，评论量和转帖量在事件报道后的一个小时左右出现巅峰；第二，评论量和转发量随着时间点的变化趋势大致相同；第三，在暴力事件中，比起国内的突发事件，华人在国外遭到的暴力对待事件更容易受到网民的关注。通过进一步对自然灾害类、明星热点新闻类、暴力事件、意外事件、食品安全事件各类型危机进行筛选，各危机类型选择一个典型事件进行对比分析，选择“雅安地震”“黄海波嫖娼”“首都机场爆炸案”“韩亚航空坠机事件”“瘦肉精事件”分别作为五个类型危机的典型进行分析。通过对比发现，各类型危机微博源头信息发布后短期内，转发次数、影响人数等传播特征没有显著差异，但是对比微博平台上各类危机发生后连续60天相关内容的帖子数发现，从长期趋势来看，各类型危机发生后短期内都受到广泛关注，但是随着时间的推进，其他类型危机过后很快趋于平静，关注度明显降低，但是食品安全事件发生后很长时间内受关注度都较高，通过图5－8可以

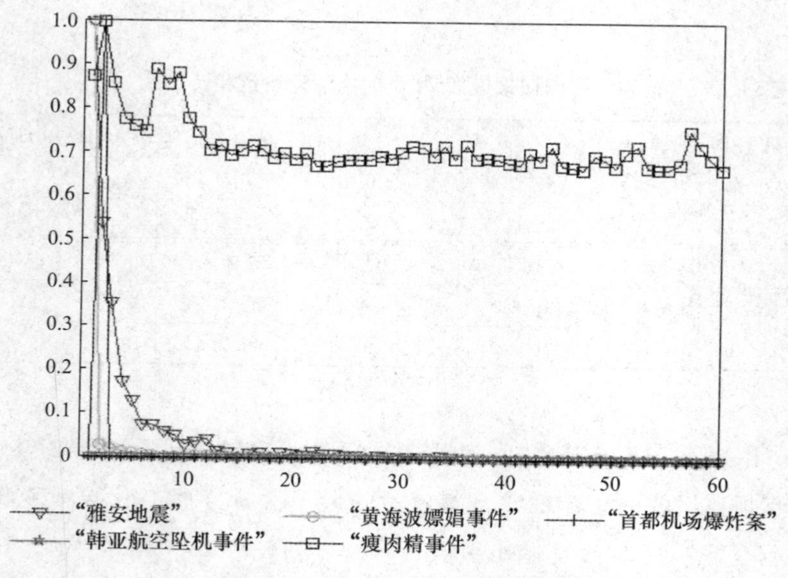

图5－8　不同类型危机信息在社交媒体中传播趋势

看出，食品安全危机信息在微博中的传播趋势和其他四类危机明显不同，“瘦肉精事件”的传播趋势线远远高于其他四类危机事件。其他类型的危机在发生几天之后受到的关注度就非常低，随着事件的进展，微博平台上每天相关的微博数量只有几条最多几十条，而食品安全危机事件发生后很长一段时间内，微博用户每天的关注度仍然非常高。说明大众的食品安全意识越来越强，对食品安全标准等信息越来越关注，因此，政府部门应该采用多种方式进行食品安全政策、标准、法律知识的宣传，增强消费者的认知能力，同时采取有效措施对食品从农田到餐桌整个过程加强监管，保障食品安全。

第六章　食品安全危机信息传播影响研究

随着网络媒体用户不断增多和消费者食品安全意识的增强，食品安全事件被曝光的次数呈现出不断增长的趋势，2010—2014 年被曝光的食品安全事件几乎是逐年倍增，面对倍增的食品安全事件信息，消费者的信心不断受到打击，目前食品安全问题受到了消费者、政府监管部门、食品生产企业等各方面的高度关注。从目前国内的情况看，政府在过去几年一直不断地建立更严格的检验制度，对问题食品企业进行严厉的惩罚，食品企业也通过各种方法表明自己的诚信，但是仍然没有解决食品安全问题，因此解决食品安全问题仅靠政府和企业是不够的，根据美国、英国、法国等国家的管理实践，食品安全风险的治理要依靠政府部门、企业、消费者、经销商和媒体共同参与。近几年来，被媒体尤其是社交媒体曝光的食品安全事件呈逐年攀升之势，被曝光的不仅有知名大企业为追求利益采取的不道德行为，也有“黑作坊”制假售假恶劣行为，食品安全事件相关的信息不断地被披露，对消费者、食品企业、经销商、监管部门都产生了不可忽视的影响。

第一节　对消费者的影响分析

提高食品安全不仅需要政府部门的监管、食品企业生产过程质量管理、经销商对经营产品的资质审核和把关，更需要消费者积极参与监督。当前，社交媒体正在以前所未有的新形态影响着食品安全问题的监督和解决进度，消费者共同参与食品安全监管的意识不断增强，传统媒体对食品安全危机信息的相关报道已经不能满足公众的需求，公众往往更信赖可以提供更多信息的社交媒体，因此社交媒体的受众和影响力越来越广，社交媒体已经成为消费者参与食品安全风险治理的重要平台，对防范食品安全风险起着重要的作用。食品安全对消费者造成的损害是不可逆转的，不仅仅是暂时体现出来的医疗费、误工费等一些经济损失，潜在的损害甚至要经过几十年之后才能显现，有些不利影响或隐患是无法用经济可以衡量出来的。消费者食品安全意识随着其收入水平和生活质量的提高而不断增强，食品安全事件的不断曝光更加剧了消费者对食品安全的担忧，消费者同时也在不断质疑食品监管部门的监管有效性和处理食品安全事件的效率，食品和其他消费品性质有明显的不同，食品如果出现质量问题会比其他消费品给消费者造成的后果更严重，对身心健康甚至生命造成影响。如果食品安全得不到保障，食品问题得不到解决会影响大众的身心健康，打击国内消费者的信心，同时也影响着大众的消费习惯，还会冲击我国食品的出口，损害我国的国际贸易地位，甚至会引起消费者恐慌，影响社会的稳定。

根据表6－1中对典型食品安全危机信息在新浪微博中的传播节点进行地域统计分析可知，在各事件传播节点中，博主数最多的地区是广东、北京、上海、江苏、浙江、山东，表明这几个地区的用户更关注食品安全危机信息，在危机信息的传播中起到重要的作用，同时也验证了国内外学者的相关研究结论，Eom（1994）认为消费者对食品安全的认知受到对食品信息了解程度的影响。Fu等（1999）对比了媒体信息对消费者的购买行为的影响。Dosman等（2001）、Backer（2003）研究发现消费者的个人收入会影响其对食品安全的认知，高收入者对食品安全风险感知更敏感。何坪华等（2007）通过对全国9个市的调查数据进行验证，分析消费者对“苏丹红事件”“阜阳奶粉事件”“松花江水污染”等事件的关注情况，并用Logistic模型分析了消费者收入、教育程度、信息获取途径等影响对食品安全事件关注的因素。韩青、袁学国（2008）通过对消费者购买行为的研究，得出消费者的购买行为与所在地区经济水平、市场的发展程度、个人收入等因素的影响。因此，消费者对食品安全危机信息的关注和传播受地区经济发展水平、个人收入和对食品安全危机信息的了解程度等因素的影响。表6-1中的研究结果同时验证了《中国食品安全发展报告（2014年）》中公布的结果：对31个省级行政区2005—2014年期间网络媒体曝光的食品安全事件数据为依据显示，北京市在食品安全事件曝光率方面位居首位，食品安全事件曝光地区集中于东南沿海，区域性明显。食品安全危机信息在社交媒体的传播过程中，社交媒体用户可以通过不同渠道获取食品安全信息，通过转发、评论等方式影响和推动食品安全事件的发展，同时食品安全危机信息在社交媒体等平台中的爆炸性扩散又反过来影响用户对食品安全的认知、消费的信心和购买的行为而对社会产生影响。

表6-1　　食品安全危机信息传播地域分析

地区 事件	广东	北京	江苏	上海	浙江	山东	河南	河北	福建	四川	天津	辽宁	湖北	安徽	广西
“瘦肉精”	138	52	41	35	28	25	19	15	13		—	—	—	—	—
“染色馒头”	70	58	18	167	24	11	—	9		14	8	—	—	—	—
“毒豆芽”	190	294	70	282	65	38	—	29	34	21		45	—	—	—
“地沟油”	57	112	24	97	33	33	19	17	—	—	—	—	—	—	—
“酸奶明胶”	59	120	45	105	34	27	—	16	—	13	—	—	16	—	—
“毒胶囊”	36	46	31	48	26	6	—	—	20	8	—	—	7	—	—
“农夫山泉”	53	36	13	28	12	9	—	10	—	—	6	—	—	5	—
“费列罗”	191	87	98	159	78	41	—	—	40	74	—	—	—	—	57
“福喜肉”	71	70	35	29	32	52	28	21	—	—	—	31	—	—	—

资料来源：根据新浪微博数据整理。

通过进一步对以上9个典型食品安全事件全网舆情地域来源进

行统计分析，统计结果如表6－2所示，北京、广东、江苏、山东、浙江、上海、安徽、湖北、四川、河北、河南等省市对食品安全关注程度较其他省份更好，关注程度最高的是北京和广东，进一步验证了国内外学者对于地区经济发展水平影响食品安全危机信息关注程度的结论，经济发展水平越高的地区对食品安全信息的关注程度也越高，经济发展水平也影响了消费者的收入水平，个人收入水平也影响对食品安全危机信息的了解程度，它们呈现显著的正向相关。

表6－2　　全网舆情来源地域信息

1		2		3		4		5		6	
北京	9801	北京	7568	北京	11939	北京	11939	北京	13760	北京	13760
广东	4926	广东	3608	江苏	9787	江苏	9787	广东	9752	广东	9752
山东	3496	山东	3193	广东	9026	广东	9026	江苏	4540	江苏	4540
江苏	2967	江苏	2574	山东	7463	山东	7463	浙江	3392	浙江	3392
河北	1818	浙江	1358	浙江	4278	浙江	4278	山东	3390	山东	3390
浙江	1818	河北	1307	陕西	2733	陕西	2733	上海	2273	上海	2273
上海	1631	安徽	1001	河南	2639	河南	2639	河北	1725	河北	1725
河南	1585	湖北	993	四川	2508	四川	2508	河南	1662	河南	1662
湖北	1567	上海	886	上海	2260	上海	2260	湖北	1649	湖北	1649
安徽	1291	湖南	815	河北	2222	河北	2222	四川	1638	四川	1638
7		8		9		10		11		12	
广东	12364	北京	10088	北京	12378	北京	9101	北京	15672	广东	17982
北京	12059	广东	8072	广东	6594	广东	7078	广东	13741	北京	13946
江苏	6768	山东	2770	江苏	2432	江苏	2446	江苏	3333	山东	3872
浙江	3783	江苏	2696	山东	2088	山东	1719	山东	3161	江苏	3569
山东	3589	浙江	2553	浙江	1814	浙江	1712	浙江	2963	浙江	3471
上海	2118	四川	2091	湖北	1370	四川	1191	上海	2833	四川	2911
重庆	1891	湖北	2010	河南	1299	湖北	1166	四川	2677	河南	2216
广西	1860	上海	1592	上海	1211	上海	1071	河南	1829	河北	2045
安徽	1753	安徽	1541	四川	1187	安徽	954	安徽	1778	湖北	1946
湖北	1687	河南	1517	安徽	962	吉林	941	湖北	1639	上海	1855

第二节　对食品企业的影响分析

随着社交媒体曝光的食品安全事件的增多，消费者对食品安全关注的程度越来越高，社交媒体已经成为消费者食品安全危机信息的分享、发表意见的主要平台。当食品安全危机事件发生后，消费者对涉事食品生产企业会高度关注，相关的信息会大量涌现。绝大多数食品企业都非常重视食品安全危机事件，例如“染色馒头”“瘦肉精”“福喜问题肉事件”曝光后，涉事企业都采取了积极回应的态度，采取发表道歉声明、召回问题食品等措施来减小危机的范围和影响。但是也有部分食品企业因为担心食品安全危机信息的披露会给公司带来不可估量的影响而选择了沉默不语或者矢口否认或者希望依靠品牌的影响力将危机事件掩盖下去，更加深了消费者对其生产食品的不信任。因此危机发生后，食品企业应该迅速确认危机，要从保护消费者利益的角度，及时与消费者进行有效的沟通，本着对社会负责的态度，尽可能地消除对消费者的损害，以避免对企业及其品牌造成负面影响。农夫山泉陷入“标准门”后一直保持沉默，在事件发生三天后才通过其官方微博发表郑重声明称农夫山泉饮用水的产品品质始终高于国家现有的认可饮用水标准，没有任何质量问题。图 6－1 中对比了“毒豆芽”“地沟油”“农夫山泉”事件在新浪微博被曝光后，相关帖子在 24 小时之内的传播对比情况，通过图 6－1 可以看出，如果危机后企业采取不当沟通方式，则危机发生后短期内信息在社交媒体中的传播会出现扩大趋势。一般而言，消费者对知名企业的食品的忠诚度和信任度是比较高的，消费者对品牌企业的信任更多的是企业的社会责任，但是近年来知名企业问题食品也频频被曝光，消费者就会感到失望继而不再信任被曝光的品牌，当食品安全危机事件发生后，大众对涉事企业的反应非常敏感，如果企业在发生危机后沉默、不及时反应、模棱两可推卸责任或只在乎企业得失采取“作秀”的危机公关方式，必然会影响企业的信誉和盈利，因此食品企业尤其是品牌知名度较高的企业要在发现问题后及时整改保证食品安全，同时也要关注国家和地方法律法规和标准的更新以便于企业的生产检测标准及时调整。通过近几年出现的食品安全危机事件，可以清楚地了解信息透明度对消费者的重要意义，了解到消费者利用网络媒体监督的重要作用。知名企业更需要用高标准要求自己。在面临危机之时，企业更应具备主动承担责任的意识。同时对于涉及本企业食品安全相关的谣言，应该通过发布声明等方式澄清，如果企业选择沉默消费者的疑虑会更多，相关的谣言也会迅速蔓延开来，更重要的是从以往的食品安全危机事件中吸取教训，防止和避免类似事件的发生。

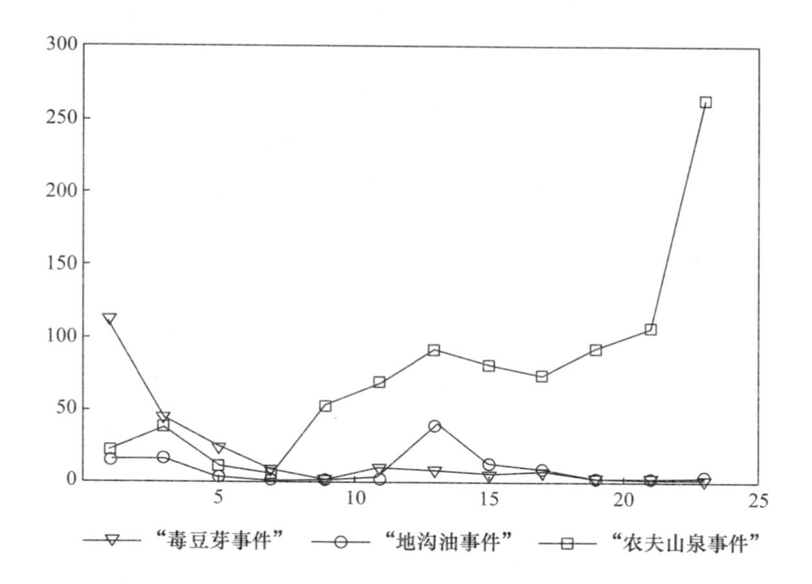

图 6－1　食品安全危机事件传播对比

食品企业为了避免网络虚假消息的传播对本企业造成严重的经济损失和不利影响，应该开设官方微博和微信公众号等社交媒体平台，通过开展推广活动和消费者积极互动，获得消费者关注，同时建立官网，一旦网络上出现与本企业有关的虚假消息时，企业应该首先通过官网发布真实准确的信息以防谣言的产生和蔓延，通过官方微博和微信公众号等社交媒体及时发布信息，让消费者及时了解事实真相，避免谣言扩散。

一 典型食品安全虚假信息分析

本节通过对最近几年的食品安全事件和虚假食品安全信息进行汇总整理发现，随着食品加工过程中的技术创新与使用，还有化学品的应用逐渐增多，不断涌现出新的食品安全相关问题，关于食品安全问题的网络谣言也是逐年增多。在关于食品安全事件报道中，虚假不实消息甚至占到了大多数，仅2012年共有1942起网络媒体报道的食品安全事件中就有1175起未经证实的虚假信息，直到2015年，食品安全相关的虚假消息数量不但没有减少反而呈现增加的趋势。

表6－3　　　　食品安全事件与虚假食品安全信息对比

年份	2010	2011	2012	2013	2014	2015	2016	2017
食品安全事件	590	500	1942	2500	3900	3575	4236	4763
虚假食品安全信息	195	253	1175	1525	2516	2678	2780	3017

选取“小龙虾”和“娃哈哈”两个虚假食品安全信息代表事件进行进一步分析。

2014年7月一条微博的内容是“市面上小龙虾都是在污浊的小河沟里捕捉的，越是浑浊的水域小龙虾就越多”的信息被大量地转发和评论。最近几年关于小龙虾重金属超标、外国人从来不吃等谣言一直不断，尽管最近几年权威部门多次澄清事实，而且通过对上海、北京、浙江、南京等地区的小龙虾重金属含量检测结果显示，没有出现重金属超标的现象，但是每年类似的谣言总是被反复传播（见表6－4）。

表 6－4　　　　　　　　“小龙虾事件”内容

谣言针对的食品	淡水小龙虾
谣言的内容	生活在污水中，重金属超标，被用来处理尸体，外国人从来不吃
出现问题的原因	生产成本低，获利丰厚
食用的后果	体内重金属积累危害健康，传播寄生虫
如何分辨问题小龙虾	外壳颜色发黑，腹部有污泥，小龙虾的活性低
证实谣言	微博动态、微信朋友圈广泛地转发不要食用小龙虾

2015 年 1 月，微博上出现了一条“爽歪歪、娃哈哈 AD 钙奶等都含有肉毒杆菌，现在紧急召回”的虚假信息。此谣言发布后，帖子迅速被转发，引起了消费者极大的恐慌，严重损害了娃哈哈集团多年积累的市场声誉。

通过对以上两个典型虚假信息微博数据搜集汇总，我们选取微博虚假消息发布之后 25 小时之内每个小时时间段该条微博的转发量。

表 6－5　　　　　　微博转发数量的指数趋势预测

时间	“小龙虾事件”			“娃哈哈事件”		
	转发量	预测值	残值	转发量	预测值	残值
1	2355	1416	939	2350	2166	184
2	1545	1057	488	2100	1589	511
3	970	789	181	1630	1166	464
4	564	588	－24	1066	855	211
5	285	439	－154	600	627	－27
6	198	328	－130	300	460	－160
7	121	244	－123	240	338	－98
8	79	182	－103	120	248	－128
9	63	136	－73	78	181	－103
10	52	101	－49	69	133	－64
11	45	75	－30	45	98	－53

续表

时间	"小龙虾事件"			"娃哈哈事件"		
	转发量	预测值	残值	转发量	预测值	残值
12	42	56	-14	43	71	-28
13	37	42	-5	49	52	-3
14	34	31	3	35	38	-3
15	31	23	8	27	28	-1
16	6	17	-11	16	21	-5
17	69	13	56	8	15	-7
18	36	9	27	13	11	2
19	11	7	4	9	8	1
20	8	5	3	8	6	2
21	1	4	-3	1	4	-3
22	2	3	-1	2	3	-1
23	4	2	2	4	2	2
24	6	2	4	6	2	4
25	15	2	13	9	1	8

资料来源：根据新浪微博数据整理而得。

指数曲线（exponential curve）用于描述以几何级数递增或递减的现象，即时间序列的观察值 Y_t 按指数规律变化，或者说时间序列的逐期观察值按一定的增长率增长或衰减。指数曲线的趋势方程为：

$$\hat{Y}_t = b_0 b_1^t \tag{6-1}$$

式中，b_0、b_1 为待定系数。

若 $b_1 > 1$，则增长率随着时间 t 的增加而增加；若 $b_1 < 1$，则随着时间 t 的增加而降低；若 $b_0 > 0$，$b_1 < 1$，则预测值 $\hat{Y}_t$ 逐渐降低到以 0 为极限。

为确定指数曲线中的常数 b_0 和 b_1，可采用线性化手段将其转化为对数直线形式，即两端取对数得：

$$\lg\hat{Y}_t = \lg b_0 + t\lg b_1 \quad (6-2)$$

然后根据最小二乘法原理，按直线形式的系数确定方法，得到求解 $\lg b_0$ 和 $\lg b_1$ 的标准方程如下：

$$\sum \lg Y = n\lg b_0 + \lg b_1 \sum t \quad (6-3)$$

$$\sum t\lg Y = \lg b_0 \sum t + \lg b_1 \sum t^2 \quad (6-4)$$

求出 $\lg b_0$ 和 $\lg b_1$ 后，再取其反对数，即可得到 b_0 和 b_1。

根据表6－5中的微博转发数据，确定指数曲线方程，计算出各期的预测值和预测误差，预测第25个小时后微博的转发数量，并将原序列和各期的预测值序列绘制成图进行比较。

根据最小二乘法，代入表中数据，求得的线性趋势方程为：

$$\hat{Y}_t = 2953.04441 \times 0.73356^t \quad (6-5)$$

$$\hat{Y}_t = 1898.1324 \times 0.74619^t \quad (6-6)$$

将 $t=1, 2, 3, \cdots, 24$ 代入趋势方程得到各期的预测值，将 $t=26$ 代入趋势方程中即可得到第25个小时微博转发数量的预测值。

将各期预测值及原序列绘制成图，可以看出微博转发数量的趋势形态。

从表6－5中的数据我们可以看出，“小龙虾事件”微博信息在发布的第一个小时内迅速转发，并达到最高峰，数量是2355条，“娃哈哈事件”一个小时之后的转发数为2350条，在第一个小时达到最高峰以后转发量出现逐渐减少的趋势，并且在24小时后转发量就很少了，反映出人们对该条微博的关注度正在逐步减小直至不再关注。进一步通过图6－2、图6－3我们可以更加清楚地看到谣言的转发数在谣言开始传播的时候数量最多，但随着时间的推移，转发数开始下降，并且谣言的关注度是集中在某一时间段内，过后便会慢慢减少甚至消失，这个时候谣言已经被人们忽略甚至是已经不被人们在乎和相信，人们已经对其产生一种排斥和不相信态度。

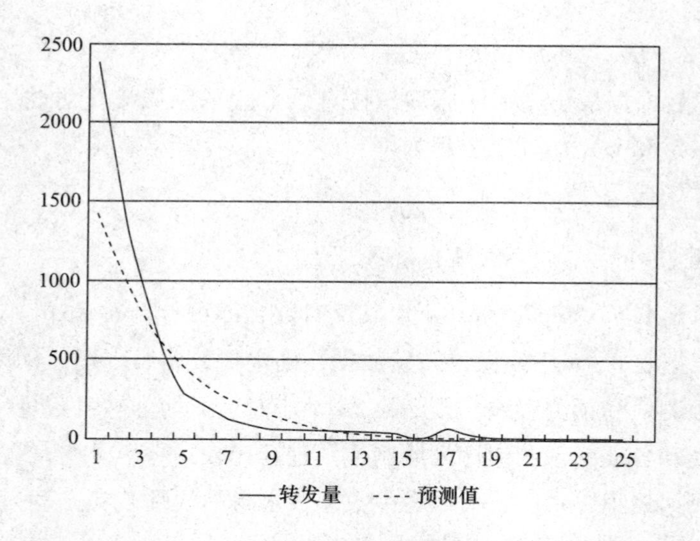

图 6-2 “小龙虾”谣言转发量的指数趋势预测

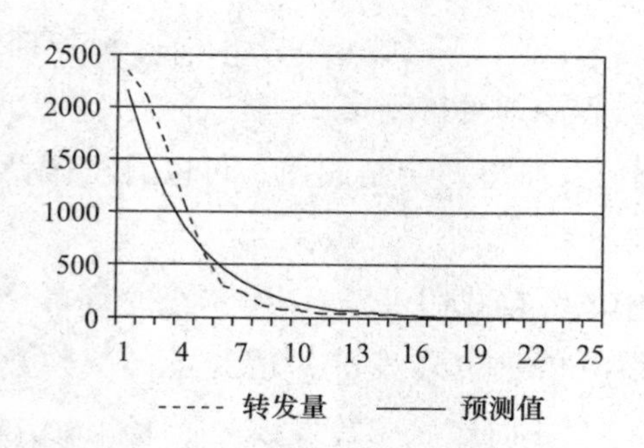

图 6-3 “娃哈哈”谣言转发量的指数趋势预测

综上所述，谣言的转发数在谣言开始传播时数量最多，但随着时间的推移，转发数开始下降，并且谣言的关注度是集中在某一时间段内，反映了人们在面对一条突如其来的新闻时态度和关注度的转变，显示了一条谣言在社会上造成的影响的大小与时间的关系。人们对网络谣言的态度，有 48% 人选择“宁可信其有”，只有 21% 的人表示坚决抵制，还有 6% 的人不知道什么是网络谣言。而网上别有用心者正是利用了人们“宁可信其有”的心理，把内容编造到在表面上看起来很真实的程度，就很容易让这48%的人信服，再加上传播者的误传，网络谣言就这样传播开来。

从政府角度看，针对突发事件中网络舆情监控预警对象不明确的弊端，在发生突发事件后，政府应该把工作重心放在需要重点监控的对象上，对突发事件网络舆情要进行严格的把关和适当的引导。突发事件发生之后，在网络的传播过程中，由于主体群体的多元化，政府部门应还公众一个真相。例如当微信或者微博平台出现虚假信息时，相关监管部门应该通过官方微信公众号或者微博平台发布信息进行澄清以防止虚假信息蔓延。

从群众角度看，要做到不造谣、不信谣、不传谣，现在总有些网民喜欢在网上捕风捉影，喜欢在网上传播一些无中生有的信息，自己却不知这已经违反了法律。这样做的后果会直接造成民众心理上的恐慌。维护社会的安定是每个网民的职责，网络信息传播要坚守底线，不要散播一些非理性的、严重偏离事实的言论。上网要做文明网民，做到不随意造谣、不随意信谣、不随意传谣。当谣言出现时应理性对待，如果总是一片混乱，就会出现传播谣言、相信谣言的恐惧心理，结果让网络谣言插上了腾飞的翅膀，助长了网络谣言的传播。就像日本地震后中国民众抢盐一样，人们的无知引发了全国的一场抢盐风波。作为一个网民，自身应该具有对网络上复杂信息的辨识能力。理性是根治谣言的一把“利剑”，当谣言出现时，每个网民的行为都应该尽量理性，不必因网络上捉风见影的言论造成心理上的负担。

二　食品安全类网络谣言的特征

（一）食品安全类谣言具有反复性的特征

从2012年到2017年，在微博、微信里关于小龙虾重金属超标、生活在污水之中、外国人从来不吃的谣言从未间断。每到夏季小龙虾消费的高峰期，网上就会流传这些关于小龙虾的谣言。只要出现与谣言相关的食品，谣言就会随之而来。

（二）食品安全类谣言具有传播速度快、影响范围广的特征

网络谣言以网络为媒介，每一个线上网民都是网络信息的接收者和传播者。尤其是在微博和微信的广泛使用后，拥有众多粉丝的微博和微信公众号，在微博大V或者微信公众号发布的信息一般几分钟之内就会出现爆炸式的浏览、评论和转发，众多的信息接收和转发的群体、简单易行的发布方式，这些为食品安全相关类的谣言提供了传播载体和传播空间。

（三）食品安全类网络谣言具有迷惑性和破坏性的特征

在这个阶段，少数人试图通过社交媒体等网络平台谋取个人利益，所以会人为蓄意制造一些引起恐慌的虚假信息，通常会夸大事实使用煽动性语言。一些不负责任的新闻媒体为争夺点击率，通过散布虚假新闻影响公众。

三 食品安全类网络谣言的形成原因

（一）食品安全网络谣言的形成有一定的社会背景

互联网上无时无刻不在传播信息，一条谣言能从海量的信息中形成，首先，它必然与当前社会背景紧密联系在一起，是人们想知道的和密切关注的信息。只有满足这个条件，才能成功地吸引人们的眼球。人们对食品安全性的高要求和食品安全事故频繁发生，这种冲突进一步加剧了食品安全问题，在这种背景下，食品安全类网络谣言就有存在的空间。

（二）食品安全网络谣言的形成基于人们的从众心理

从各个谣言的迅速传播和所带来的社会效应，我们可以看出人们往往会失去理智，跟随大众，从而导致事件的恶化。而且在一些贴近生活的突发事件产生后，在无法通过正规渠道获取相关信息时，人们会在好奇心的驱动下寻找小道消息，这便为谣言的传播提供了空间。由于突发事件往往关乎人们的切身利益，人们对于自身的保护本能被激发，所以，当消息不能及时被证实时，人们往往“宁可信其有，不可信其无”，并立即做出应对措施，以将对自己的伤害程度降低。在这种情况下，谣言信息就会得以生

存，并且会逐渐被人们信服。食品安全类信息更多地通过网络平台进行传播，越来越多的人加入了网络的行列，网络媒体的用户也希望能够通过网络平台发布自己的声音。但网民在年轻群体和基层广泛存在。有些用户无法预测信息传播的后果，不承担自己的言行责任。因此，网络的形成为谣言的蔓延增加了很多不确定性。

（三）食品安全网络谣言的形成是传播者有目的制造的

互联网上的谣言大多数是黑色传闻，目的是传达虚假消息，诽谤他人，谣言传播成本低、传播速度快，尤其是食品安全类谣言，因为和每一个消费者息息相关，所以传播速度更快，影响范围更广，食品安全类谣言还会被恶意应用于商业竞争中。

（四）食品安全网络谣言的形成是由于部分网络媒体的无良炒作

IT 革命带来了信息的产生和信息的传播。随着微博、微信和其他社交工具的兴起，带来了 UGC 等热点概念。UGC（User Generated Content）是用户将自己产生的信息通过互联网平台展示出来。由于生产信息成本低，缺乏检测的限制，不准确的信息将在互联网上公开和使用。再加上一些网站或论坛争夺新闻资源，提高点击率，但往往报道的是未经证实的消息。因此，互联网已经成为谣言的发生地和传播途径，许多人甚至个别媒体成为传播谣言的“帮凶”。

四　食品安全类网络谣言的主要传播途径

从图 6 - 4 可以看出，对于网络谣言的传播途径而言，大多数人是从门户网站的论坛和网络社交平台上获取谣言信息，从个人电子邮件和传统媒体获取的谣言较少。可见，门户网站的论坛和网络社交平台是传播谣言的主要途径。

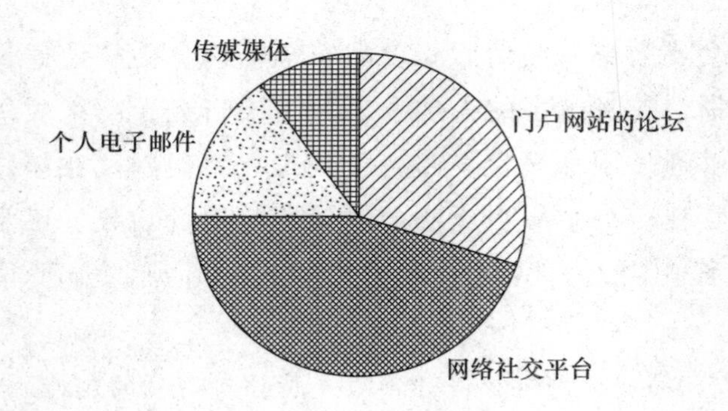

图 6－4　获取网络谣言途径

五　食品安全类网络谣言的影响

食品安全问题关系到社会民生，食品安全类网络谣言对社会的危害巨大，具体表现在三个方面，分别是食品安全、网络媒介和社会环境。

（一）食品安全类网络谣言阻碍了食品产业的健康发展

2015 年夏季，小龙虾重金属超标的谣言造成了大量小龙虾滞销。在食用小龙虾的发源地南京，大家纷纷“谈虾色变”，在谣言散布的当天南京小龙虾的平均消费量由谣言未出现的每天 75—110 吨，急剧减少到只有 13—16 吨。随着谣言的继续传播，市场的消费量直线下降。7 月以来，我国小龙虾的重要产区江苏盱眙县批发销售数量明显放缓，在去年同时期全县每天批发销售量为 220 吨左右，今年同时期，每天的批发销售量为 110 吨左右，下降 50%。盱眙的龙虾批发大户表示，发往上海、南京的龙虾数量比去年减少了 30%。南京水产批发市场 7 月中旬以来的龙虾销售数量也是一直下降，从平常的 26 吨一天到现在的 14 吨一天。

（二）食品安全类网络谣言严重损害了网络媒体的公信力

小龙虾重金属超标的谣言从 2012 年出现，但是到了 2015 年仍作为“真实信息”在网络上进行传播，这不得不让人质疑网络媒体的公信力。在 2015 年夏季微博上出现关于小龙虾的谣言时就有网友质疑过信息的真实性。网络媒体如果一再传播谣言，其权威性必定直线下降。那么，当正确的信息通过互联网传播时也就会失去人们的信任。如此往复网络媒体的健康发展就会受到巨大的制约。

（三）食品安全类网络谣言会破坏社会秩序的稳定，不利于社会的和谐发展

当今社会物质条件越来越丰富，人们的生活水平越来越高，对食品安全的重视也越来越高。在此条件下，食品安全网络谣言一旦出现并被人们大范围地传播，进而引起人民群众的恐慌。小龙虾谣言在微博上在出现前三个小时转发量就达到了4870条。这样的虚假信息不只会让人们对小龙虾的食用安全表示怀疑，更让人民群众对国家的食品安全监管体系丧失了信心，增加了社会的负担。

首先，食品安全类网络谣言的广泛传播会造成人们巨大的心理恐慌，严重的可能会造成社会群体性事件。网络谣言一旦涉及了某种食品，那么曾经购买过该种食品的人就会产生恐慌。那些没有购买过此种食品的人就会在以后拒绝购买该食品，这样就给该种食品的生产商和销售商造成巨大的经济损失和信誉损失。其次，食品安全类网络谣言的传播会威胁社会的稳定，造成人民群众和政府的对立。当人们的生命健康受到威胁时，就会采取必要的保护措施来维护自己的合法权益，事情严重时就会发生与政府的冲突，破坏社会和谐发展。

六　食品安全类网络谣言的防控措施

当前，对食品安全类网络谣言的防控既要防患于未然，还要多管齐下避免网络谣言的重复传播。我们主要从以下三个方面来防控食品安全类网络谣言。

（一）政府要完善食品安全和网络谣言传播的监管体系

首先，必须要建立健全严格的食品安全检验体系，促进食品生产的规范化管理，保障食品生产质量，严禁不合格食品进入市场；建立一个全面覆盖的食品安全监察网络，进行生产地初检、进入市场复检、监察部门定期抽查。建立食品安全问责机制，食品安全事件发生时要立即召回不合格产品，并严格按照责任制度问责；加强

风险评估和预警机制，健全食品安全危机应急体系。如果出现食品安全问题，有关部门应迅速在最短时间内进行风险评估，还要制定危机应急方案。只有完备的危机应急体系和危机应急方案才能保障政府正确迅速地处理食品安全事故，才能把食品安全事故带来的消极影响降到最低。

还有就是政府部门要建立健全针对食品安全类网络谣言的法律法规，要用法律至高无上的威严来震慑食品生产商和谣言制造者，用法律严惩食品安全类网络谣言的制造者和传播者。政府部门要加大法律知识的推广和普及，对食品安全生产的法律法规进行宣传，以警示人们要遵纪守法。此外，还要贯彻落实已有法律，发挥法律的最大效用。国家要做到“有法可依，有法必依，执法必严，违法必究”。只有健全法律法规体系，并使之落到实处，才能保障食品的安全生产质量和阻挡谣言的制造和传播。

（二）新闻媒体要增强自身的公信力

大众传媒最重要的就是公信力，如果失去了公信力就失去了群众对媒体的信任，也就失去了存在的意义。要想保持公信力，大众传媒一方面应该对出现的食品安全类网络谣言及时进行澄清辟谣，保持报道信息的真实有效。另一方面大众传媒在传播信息时需要保持公正公平的立场，坚决反对虚假宣传，杜绝搞假象。另外，网络媒介作为网络谣言的主要传播途径，要做到重点防控。并且，网络媒介要想提高自身公信力，从而得到长远发展，就要付出更大的努力。

针对当今社会食品安全类网络谣言频发、突发的情况，网络媒体可以建立一个官方食品安全网站，专门针对食品安全有关的信息进行发布，对食品安全相关的虚假信息进行辟谣、澄清。当再有食品安全类网络谣言出现时，广大人民群众只要登录官方网站就可以及时获取官方信息，从而铲除了谣言传播的条件。

（三）网民要提高素养，加强识别能力

对广大网民来说，因为要每天面对网上海量的真假信息，要提

高自身辨别真假信息的能力。网民对信息具有较高的辨别能力可以有效预防食品安全类网络谣言的传播。进行媒介素养教育的主要意义是：首先，媒介素养教育可以帮助人们了解最基本的媒体传播知识，明白媒体的运作方式。这对网民群体“传者意识”的树立至关重要。其次，进行媒介素养教育能够提高网民正确理解各种信息的能力。进行媒介素养教育的目标就是帮助网民在面对海量真真假假的信息时，能够在第一时间正确理解信息传播者的目的。这是网民接触网络媒介时必须要具备的最基本素养。媒介素养教育可以提高网民理解信息传播者意图的能力，获得准确有效的信息，从而减少由于理解失误造成的加剧谣言传播的情况。最后，媒介素养教育能够帮助网民提高自我保护意识，使食品安全类网络谣言无处传播。

相对于其他类型谣言，食品安全类网络谣言因为和大众的日常生活密切相关，所以它所接触的群众数量也是最多的，这就是食品安全类网络谣言传播速度快、影响力巨大的主要根源。

食品安全类网络谣言是立足于特定的社会环境，在足够的传播条件下通过互联网渠道产生和传播的。食品安全类网络谣言的生存土壤是基数庞大的网络群体、对食品安全极度重视的人民群众和社会上频繁发生的食品安全事件。虚拟的网络环境和传统媒介相比，其更快的传播速度为食品安全类网络谣言提供了方便快捷的传播途径。食品安全类网络谣言既阻碍了食品产业的良性发展，也损害了网络媒体树立的公信力，更破坏了社会的和谐秩序。正因为如此，要想阻止食品安全类网络谣言，重中之重就是做好食品安全类网络谣言的防控工作。

通过对食品安全类网络谣言的传播原因和传播过程的探究，我们可以看出：现阶段食品安全类网络谣言在很短的时间内很难完全根除，但是我们并不是无能为力的。我们可以发挥主观能动性，利用合理的方法来阻止食品安全类网络谣言的传播，尽最大努力降低它的不利影响。防控谣言实施的主体是政府有关职能部门、众多新闻媒体和广大网民。只要政府部门、新闻媒体和广大网民团结一致，共同努力发挥各自作用，才能建立一个完整、科学、有效的食品安全类网络谣言防控体系。

食品安全问题一般都是在最终环节爆发，作为最终环节上的各大商家更应该严格遵守我国相关法律，严格自律，在源头上杜绝食品安全问题的出现，让制造谣言者没有可乘之机。当发现和自己有关的谣言产生时，及时向有关部门反映，并通过正确渠道予以反击，向人们反馈相关信息。在经营生产中，食品企业要对整个生产环节进行严格的质量把控，杜绝存在侥幸的心理，要追求企业的长远发展，将人民的生命安全置于首要地位，从根本上不给谣言制造者漏洞可钻。从而促进我国经济社会的和谐发展，努力创造良好的食品安全氛围。

第三节　对经销商的影响分析

食品生产企业主要通过超市、大卖场、便利店、街边小店、食品店、菜市场和网络等几种渠道进行营销，相对于其他渠道，大卖场和超市的准入标准要严格得多，理论上食品要进入超市都要具有合格的检验检疫证明等条件，消费者对大型超市也更信赖和放心，但是目前国内即使是大型超市的食品也并不是每一批次都进行检验，通常的做法是采取抽样的方式，因此被抽到的批次食品合格也并不能保证所有的同品牌的食品都合格，从“染色馒头事件”来看，上海这样经济发达的城市中像华联、联华、迪亚天天等大超市中都出现了大批量的问题馒头，“染色馒头事件”曝光之前进入上海超市的馒头都是一个月抽检一次，因此这种抽检方式也不能保证进入大型超市的食品质量具有可信性，菜市场、街边小店、网络营销的食品的品质和质量安全更无法保证，同时去菜市场等购买食品的消费者对食品安全的关注程度也要比去大型超市、大卖场购买食品的消费者要低，更给了这些经营者销售不合格产品的可乘之机。而我国大多数食品生产企业是中小企业，营销渠道多样，部分企业为了降低成本等各种利益不惜添加有毒有害成分，仅仅依靠源头上对食品安全进行治理是远远不够的，在流通经营环节也要进行把关和控制，对农产品批发市场的进出各环节进行全程监管，约束食品供应商提高产品质量。经销商作为食品流通的重要环节也是消费者能广泛接触到的环节，对食品安全问题的控制和预防应该承担起应负有的责任，经销商的食品安全意识也会影响流通过程中食品问题的控制，因此提高食品经销商的专业技能和业务水平，通过食品安全知识和食品相关法律法规的教育和培训增强质量和安全意识，经销商应遵守食品行业标准和具有责任意识，做到规范经营，对采购的食品进行严格的检验和食品质量把关，杜绝有毒有害和假冒伪劣等各种不合格食品的采购，另外，不断扩大经销商的规模化组织化水平，加强对食品批发市场产品的质量监管，提高我国食品批发市场的现代化水平。

第四节　对食品监管部门的影响分析

目前，信息化高度发展大众对食品安全的关注程度越来越高，根据张红霞、安玉发（2014）对2009年1月—2013年12月的食品安全危机信息来源和渠道统计结果发现：2009—2013年五年期间公众曝光的食品安全危机事件达到66%，而官方机构曝光的只有10%，曝光的渠道主要是微博和互联网，曝光源头主要依靠公众，食品安全问题的监督逐渐呈现出全民参与的态势。根据最近几年社交媒体曝光的食品安全问题来看，从种植养殖、生产加工到销售各个环节都存在问题，社交媒体在监督范围的广度和深度、发布信息的便捷与及时、参与主体的广泛性等方面要远优于其他媒体和政府监管部门，同时社交媒体还可以进行食品相关谣言的澄清，食品安全常识的传播等方面具有强大优势，食品监管部门在目前信息传播速度下如果仍然不作为，失职渎职，那么很容易导致食品问题“小事拖大，大事拖炸”，目前监管部门对于曝光的问题食品的反应和处理与大众的期望还有差距，对问题食品企业的惩罚力度和方式也经常受到质疑，因此食品监管部门应该利用社交媒体信息传播的特点进行监测，分析并迅速做出判断，引导大众利用社交媒体等网络平台对有毒有害、违法违规等问题食品进行曝光和揭露，使问题食品无处藏身，通过大众的共同监督和抵制，使食品生产企业自律生产出健康合格的食品，营造出安全的食品生产和消费环境。当食品安全事件发生后，监管部门应该保持权威的信息来源，危机涉及的问题食品情况、伤亡情况、预防措施等信息应及时发布，保障大众的知情权，在危机发生后及时对外公布一致可靠的信息，而不应该隐瞒信息、发布不实信息愚弄公众。在应对突发性食品安全事件中如何合理有效利用社交媒体，目前在理论层面还没有较实际的应对机制和策略。因此对于重大食品安全事件应建立快速反应机制，食品监管部门应在接收到食品安全事件信息后即时发布官方权威报道，让大众及时了解事件的进展。逐年递增的食品安全曝光趋势加剧了消费者对食品的担忧，食品安全危机相关信息的扩散也伴随食品安全谣言的传播引发大众的恐慌情绪，因此监管部门应该及时通过官方渠道发布权威信息，避免大众和媒体误解而产生食品安全谣言肆意扩散。2013 年之前我国食品药品安全监管属于分段式多头管理，出现问题各监管环节容易互相推诿，2013 年国务院对各部门的监管职责进行整合，对食品、药品的有效性、安全性在生产、流通、消费环节进行全程统一监管，以保障消费者权益，同时还需要进一步整合食品安全监管资源，全面加强食品安全管理。食品监管部门应该继续完善检验检疫制度，保证原材料的无污染和各项指标在国家规定的标准范围之内，在食品生产加工环节提高对企业的约束，建立追溯体系，一旦发生问题也有利于追溯。对食品企业员工定期开展食品安全标准等安全知识的培训，提高食品企业检验人员的实际操作能力。对生产、制造和销售不安全、不合格食品及其他违法行为及时查处和加大处理力度。同时食品监管部门应利用网络媒体定期发布食品安全知识，出现食品安全事件要及时告知消费者真相和可能存在的风险，增加问题食品的曝光率，通过信息披露等方式加强食品安全监管。

第七章　食品安全危机管理体系构建

第一节　引导消费者积极参与媒体监督

一　公众参与食品安全治理的必要性分析

食品安全与社会大众的健康息息相关，但近几年食品安全问题频繁出现，从“三鹿奶粉事件”，到“地沟油事件”“吊白块粉丝”“瘦肉精事件”“镉大米”“毒胶囊”“毒豆芽事件”等层出不穷，这一系列事件引人深思，食品安全风险治理只依靠监管部门的管理是不够的，食品安全风险依然存在，食品安全事件每年都在不断发生，因此有必要积极引入公众参与食品安全监管和监督、治理等工作环节。食品安全直接关系到公众的身体健康和生命安全，公众承担着食品安全风险造成的后果，公众有权利为了自身的身体健康和生命安全参与到食品安全的监管和风险治理各个环节。

（一）公众参与有助于政府察觉问题

食品安全问题关乎民生，与公众生活息息相关，而公众作为食品的消费者和食品安全信息的第一接收者，更有义务将信息反馈出去。食品安全危机信息在社交媒体中的扩散是由大量的普通用户推动的，因此应该引导消费者积极参与媒体监督，一旦发现生产或销售有问题的食品的行为立即通过合法途径曝光或反映给相关部门，每个消费者都要从维护自身利益和公众共同利益的角度出发去看待问题食品，这样食品安全才能得到真正的保障。而反之，若公众在意识到问题之后，依旧保持沉默，那政府在短时间内很难有效地解决问题。同时，食品安全信息在各大社交媒体上通常会引起广大公众的反馈。社交媒体的使用与人们对食品安全的社会信任和支持程度有着积极的关联，人们相信其他的使用者，同时也选择将对这些食品安全事件的观点分享到社交媒体网站上。因此，公众的信息发布、反馈，对政府部门意识到现存的食品安全问题有着莫大的帮助，从而能更快地对相应问题进行整治，更好地保障食品安全的有效监管。

（二）公众参与能够有效克服政府失灵

食品安全问题显现出市场失灵，需要政府的介入，然而政府所做出的努力并不能完全有效。尽管政府已经采取了一定的措施，但是食品安全问题依然存在。由于食品安全风险治理所涉及的方面较多，因此其相应的行政机关也会有多个，而现行体制正处于发展与完善阶段，且由于网络的发展改变了信息传播的途径和大众获取信息的方式、食品的销售途径和方式多样化，网络销售食品的规模不断扩大使食品监管更加困难，监管部门对食品安全的预警机制到目前为止并不完善，食品安全监管的结果并不尽如人意，如果将公众引入到食品安全监管中，积极引导公众参与，可以有效弥补监管漏洞，提高监管效率。

二　社交媒体环境下公众参与食品安全风险治理的现状

（一）公众参与食品安全风险治理意识增强

随着社交媒体的逐步渗透，社交媒体已成为公众信息传播的主要媒介，公众可以更好地借助社交媒体参与到食品安全风险治理过程中，使食品安全信息取得良好的传播效果，使食品安全的不良事件得到更好的曝光，做到了从点到面的传播，进而督促相关政府部门及时整治。社交媒体在生活中得到不断运用、发展，公众利用博客、论坛、Facebook 等多种形式的平台参与讨论食品安全问题，比如，近日通过 CFDA 中国食品药品监督管理平台，国家食药监总局曝光一批不合格网售零食名单，引发公众自发监督网店对“野娇娇旗舰店”中销售的黑芝麻花生片和白芝麻酥条整顿下架，这都反映了社交媒体环境下，食品安全问题关注程度高、扩散速度快、影响范围广。随着社交媒体环境下公众参与食品安全风险治理的意识日益增强，通过社交媒体传播食品安全信息，公众可以在短时间内制造舆论热点，让信息广泛传播，突破了传统媒介下的地域限制，加快传播速度，让公众切实参与到食品安全治理过程中。

根据微博自2013年至2017年各季度数据分析显示，网民在微博上的活跃度逐年递增，且月用户活跃量在2017年增幅明显提高，表明我国网民对微博的使用量与日俱增，热点事件在微博上传播的受众范围明显提高，传播速度快，传播范围广且不受地域限制。

社会舆论资讯，比较关注食品安全、环境保护等类别信息，通过关注、互动促进信息的传播，从而影响整个事件的发展。社交媒体中的信息扩散的常态模式是一种多重模式，不同的信息性质造成了扩散速度各不同，微博和微信的信息扩散曲线就不同，食品安全类信息因为涉及每一个消费者，所以食品安全类信息在微信或者微博等媒体一旦发布就会引起广泛的转发和评论，信息扩散速度快，很容易就形成舆论事件。社交媒体的迅速崛起带来的是媒体环境随着社交媒体的兴起与互动模式的不断发展，社交媒体逐渐成为中国网民使用率最高的应用形式，社交媒体的迅速崛起带来的是媒体环境下人们参与社会治理方式的革新。

以社交媒体微博为例，选取2014—2017年数据，针对部分微博典型食品安全事件进行分析，表7－1为2014—2017年典型食品安全危机事件汇总表。

表7－1　　　　2014—2017年典型食品安全危机事件

危机事件	开始日期	峰值时间	报道来源	转发量（次）	评论量（条）
“汉丽轩口水肉事件”	2014年7月28日08：43	2014年7月28日10：43发布后2小时	央视新闻	22082	11032

续表

危机事件	开始日期	峰值时间	报道来源	转发量（次）	评论量（条）
“星巴克糕点添加剂事件”	2015年3月14日 15：31	2015年3月15日 19：31发布后28小时	吾爱全球签证中心	11334	11731
“辣条事件”	2015年3月15日 13：59	2015年3月15日 21：59发布后8小时	央视新闻	11576	3855
“小肥羊假鸭血事件”	2015年3月15日 19：35	2015年3月15日 21：35发布后2小时	央视新闻	9393	3571
“绝味鸭脖卫生事件”	2015年10月14日 17：30	2015年10月15日 17：30发布后24小时	法制晚报	4995	4408
“饿了么黑心作坊事件”	2016年3月15日 20：22	2016年3月15日 23：22发布后3小时	央视新闻	10675	4023
“张亮麻辣烫锈刀片事件”	2016年4月8日 11：03	2016年4月9日 9：03发布后22小时	中国新闻网	2669	11731
“小龙虾寄生虫事件”	2016年4月25日 11：01	2016年4月26日 00：01发布后2小时	Happy张江	10048	5533
“汉丽轩假牛肉事件”	2016年12月26日 19：25	2016年12月25日 20：25发布后1小时	人民日报	4039	3343
“日本核污染食品事件”	2017年3月15日 21：18	2017年3月15日 22：18发布后1小时	央视新闻	6357	11339

资料来源：微博公开数据整理而得。

表7－1中列举了10个食品安全事件，其中“汉丽轩口水肉事件”总转发量高达至2万余次，其他各事件也都引发了公众的高度关注，表明了公众在社交媒体环境下对食品安全危机事件的治理参与度高。

同时传播的峰值期有缩短趋势，说明食品安全事件曝光后，在短时间内得到了公众的关注，公众对食品安全危机事件的敏感度提高，为进一步分析公众在社交媒体环境下对食品安全危机事件反应的敏感度，精确对比敏感度随时间的变化方向，选取了表7－1中发布时间在19：00—22：00的4个事件，该时间段是公众使用社交媒体的高峰期，以此排除事件不同发布时段对公众第一反应的影响。如表7-2和表7-3所示，为选取的4个事件发布后的5分钟、10分钟、20分钟以及一个小时的转发量和评论量分别占其总转发量和评论量的百分比。

表7-2　　公众对食品安全事件第一时间转发速度变化　　单位:%

食品安全事件	时间	5分钟	5—10分钟	10—20分钟	20分钟—1小时	1小时
“小肥羊假鸭血事件”	2015年3月15日	0.00%	0.00%	0.00%	3.11%	3.11%
“饿了么黑心作坊事件”	2016年3月15日	2.15%	1.41%	2.40%	13.19%	19.15%
“汉丽轩假牛肉事件”	2016年12月26日	3.34%	2.35%	4.01%	8.32%	18.02%
“日本核污染食品事件”	2017年3月15日	3.96%	4.31%	6.10%	18.34%	32.72%

表7-3　　公众对食品安全事件第一时间评论速度变化　　单位:%

食品安全事件	时间	0—5分钟	5—10分钟	10—20分钟	20分钟—1小时	1小时
“小肥羊假鸭血事件”	2015年3月15日	3.98%	2.83%	4.17%	13.69%	24.67%
“饿了么黑心作坊事件”	2016年3月15日	6.29%	3.08%	4.82%	12.08%	26.27%
“汉丽轩假牛肉事件”	2016年12月26日	7.78%	3.92%	5.41%	11.07%	28.18%
“日本核污染食品事件”	2017年3月15日	4.44%	5.05%	6.76%	14.98%	31.24%

资料来源：微博公开数据整理而得。

表7-2和表7-3分别列举了事件发布后1小时内的转发量和

评论量速度变化情况，同时该4个事件是按照时间从先到后的顺序排列，可以明显看出公众在微博上对食品安全事件的反应速度基本上保持逐年增快的趋势，表明了公众目前在社交媒体上对食品安全事件的关注度日益增加，并在获悉后第一时间将信息传递出去，同时能够引起食品安全相关部门的注意，加快食品安全危机事件的解决进程。

（二）公众对食品安全危机事件报道相对理性

基于互联网大环境下的社交媒体给公众提供了一个发表舆论、观点的平台，在带来极大便利的同时也带来了一定的负面影响，如近年来不断出现的假新闻、假曝料以及部分公众偏激的评论，在一定程度上使公众产生认知困难，难以辨别事件的真实性，进一步对公众参与食品安全风险治理造成了障碍。

但是，大部分公众对社交媒体上形形色色的食品安全危机信息相对理性，能够对事件进行辩证性的思考，而非盲目跟风，进一步误导其他公众。根据不同情况，公众也有不同应对，在食品安全事件与公众有潜在的威胁关系时，大部分公众会考虑其发布的信息对他人以及自己潜在的负面影响；当食品安全事件与政府或其他权威机构发布的信息不一致时，大部分公众会倾向于后者，而不受虚假消息的误导；在食品安全危机事件中，大部分公众倾向于信任政府部门的辟谣，并且公众在此方面的从众行为较少，多数人选择理性对待社交媒体上流传的食品安全事件。所以，可以得知大部分公众在食品安全网络舆情中的行为比较理性，这部分公众的参与行为将有助于推动食品安全网络舆情的健康发展，因而引导社交媒体上的食品安全危机事件呈正方向发展，同时公众也能有效地参与食品安全危机治理。

（三）公众有效结合社交媒体和传统媒体进行信息传播

传统媒体如报纸、杂志和电视新闻报道在信息传播方面有其得天独厚之处，由于其信息源更为准确，大部分经过政府或者有关权威机构证实，经过层层审查后方才报道，较社交媒体上来源不明的碎片化的信息更具权威性和可靠性。但同样传统媒体也有着其自身的不足，最显著的便是其信息传播的持久性，而社交媒体的兴起则很好地弥补了传统媒体的这种不足，公众可以在社交媒体上持续进行讨论和传播，进而促使相关企业和政府部门更好、更快地解决食品安全问题，为公众创造一个更加放心、安全的饮食生活。

根据调查数据可知，大部分社交媒体上引起广大公众关注的食品安全事件是由政府部门的官方微博发布，其中在表 7－1 所列的 10 个食品安全事件中，就有 8 个食品安全事件是由央视新闻、《法制晚报》、中国新闻网和《人民日报》发布，均引起了公众的广泛关注，对相关报道进行了转发和评论，并且剩余的 2 个事件也在多个电视新闻节目上进行了相关报道。经过对上面列举的 10 个食品安全事件的各时间段转发量和评论量的整理，得知 10 个事件中 24 小时内转发量占总转发量的 81.07%，24 小时内评论量占总评论量的 80.24%，所以可基本得出结论，事件发布后的 24 小时内是信息传播的主要时间段。以下对 10 个食品安全事件 24 小时内各小时的转发量和评论量做归一化分析，进而简化数据以便于分析，如表 7－4 和表 7－5 所示。

表 7－4　食品安全危机信息在新浪微博中转发情况分析（归一化）

事件 / 时间	"汉丽轩口水肉事件"	"星巴克糕点添加剂事件"	"饿了么黑心作坊事件"	"小肥羊假鸭血事件"	"绝味鸭脖卫生事件"	"辣条事件"	"张亮麻辣烫锈刀片事件"	"汉丽轩假牛肉事件"	"小龙虾寄生虫事件"	"日本核污染食品事件"
1	0.1408	0.0487	0.1923	0.0314	0.1076	0.0006	0.0382	0.1873	0.1268	0.3399
2	0.2260	0.0283	0.1868	0.2043	0.0528	0.0019	0.0073	0.0720	0.1023	0.1765
3	0.1139	0.0171	0.2663	0.1265	0.0329	0.1060	0.0091	0.1135	0.0607	0.0971
4	0.0984	0.0088	0.1306	0.1003	0.0219	0.0695	0.0036	0.1163	0.0297	0.0462
5	0.0781	0.0232	0.0313	0.1696	0.0123	0.1216	0.0024	0.0463	0.0229	0.0155
6	0.0360	0.0853	0.0124	0.0440	0.0082	0.0763	0.0073	0.0196	0.0239	0.0065

续表

事件 时间	“汉丽轩口水肉事件”	“星巴克糕点添加剂事件”	“饿了么黑心作坊事件”	“小肥羊假鸭血事件”	“绝味鸭脖卫生事件”	“辣条事件”	“张亮麻辣烫锈刀片事件”	“汉丽轩假牛肉事件”	“小龙虾寄生虫事件”	“日本核污染食品事件”
7	0. 0220	0. 0366	0. 0052	0. 0116	0. 0027	0. 1312	0. 0049	0. 0100	0. 0186	0. 0029
8	0. 0169	0. 0565	0. 0047	0. 0081	0. 0000	0. 1349	0. 0036	0. 0044	0. 0147	0. 0057
9	0. 0120	0. 0130	0. 0040	0. 0099	0. 0014	0. 1352	0. 0097	0. 0021	0. 0066	0. 0124
10	0. 0122	0. 0051	0. 0075	0. 0067	0. 0000	0. 0802	0. 0024	0. 0026	0. 0338	0. 0243
11	0. 0118	0. 0014	0. 0233	0. 0189	0. 0000	0. 0263	0. 0152	0. 0028	0. 0317	0. 0448
12	0. 0515	0. 0005	0. 0450	0. 0507	0. 0007	0. 0084	0. 0085	0. 0105	0. 1268	0. 0565
13	0. 0550	0. 0000	0. 0627	0. 0581	0. 0007	0. 0036	0. 0115	0. 0206	0. 1537	0. 0381
14	0. 0332	0. 0009	0. 0169	0. 0414	0. 0014	0. 0025	0. 0673	0. 0352	0. 0456	0. 0304
15	0. 0183	0. 0000	0. 0026	0. 0184	0. 0027	0. 0022	0. 0576	0. 0383	0. 0199	0. 0247
16	0. 0159	0. 0060	0. 0025	0. 0537	0. 0014	0. 0025	0. 0473	0. 0445	0. 0090	0. 0212
17	0. 0094	0. 0083	0. 0016	0. 0264	0. 0027	0. 0067	0. 0443	0. 0409	0. 0058	0. 0154
18	0. 0041	0. 0385	0. 0010	0. 0074	0. 0027	0. 0191	0. 0327	0. 0540	0. 0053	0. 0119
19	0. 0020	0. 0510	0. 0009	0. 0030	0. 0007	0. 0205	0. 0243	0. 0334	0. 0073	0. 0072
20	0. 0017	0. 0514	0. 0008	0. 0034	0. 0014	0. 0183	0. 0625	0. 0386	0. 0186	0. 0034
21	0. 0024	0. 1214	0. 0010	0. 0016	0. 0000	0. 0123	0. 0995	0. 0355	0. 0319	0. 0041
22	0. 0060	0. 1640	0. 0000	0. 0023	0. 0048	0. 0081	0. 1534	0. 0257	0. 0382	0. 0044
23	0. 0143	0. 1019	0. 0002	0. 0006	0. 1247	0. 0055	0. 1474	0. 0250	0. 0322	0. 0062
24	0. 0180	0. 1321	0. 0001	0. 0014	0. 6162	0. 0067	0. 1401	0. 0208	0. 0338	0. 0046

资料来源：微博公开数据整理而得。

表 7－5　食品安全危机信息在新浪微博中评论情况分析（归一化）

事件 时间	“汉丽轩口水肉事件”	“星巴克糕点添加剂事件”	“饿了么黑心作坊事件”	“小肥羊假鸭血事件”	“绝味鸭脖卫生事件”	“辣条事件”	“张亮麻辣烫锈刀片事件”	“汉丽轩假牛肉事件”	“小龙虾寄生虫事件”	“日本核污染食品事件”
1	0. 0604	0. 3216	0. 0821	0. 3582	0. 2559	0. 1176	0. 3636	0. 1393	0. 0101	0. 3131
2	0. 2374	0. 1845	0. 0503	0. 1235	0. 3085	0. 0332	0. 1407	0. 0911	0. 0081	0. 0834

续表

事件 时间	“汉丽轩口水肉事件”	“星巴克糕点添加剂事件”	“饿了么黑心作坊事件”	“小肥羊假鸭血事件”	“绝味鸭脖卫生事件”	“辣条事件”	“张亮麻辣烫锈刀片事件”	“汉丽轩假牛肉事件”	“小龙虾寄生虫事件”	“日本核污染食品事件”
3	0.1203	0.1274	0.0185	0.0634	0.1290	0.0077	0.1677	0.0673	0.0088	0.0665
4	0.0961	0.0440	0.0082	0.0456	0.1005	0.0205	0.0715	0.0379	0.0066	0.0565
5	0.0566	0.0206	0.0051	0.0412	0.0703	0.0358	0.0319	0.0287	0.0062	0.0801
6	0.0360	0.0131	0.0051	0.0261	0.0157	0.0358	0.0071	0.0317	0.0052	0.0153
7	0.0222	0.0054	0.0031	0.0640	0.0078	0.0614	0.0042	0.0181	0.0041	0.0056
8	0.0207	0.0087	0.0021	0.0854	0.0046	0.0537	0.0027	0.0185	0.0041	0.0060
9	0.0191	0.0034	0.0000	0.0648	0.0020	0.0486	0.0016	0.0128	0.0041	0.0023
10	0.0169	0.0117	0.0000	0.0425	0.0020	0.0102	0.0025	0.0298	0.0032	0.0023
11	0.0173	0.0331	0.0000	0.0187	0.0046	0.0051	0.0094	0.0239	0.0036	0.0017
12	0.0510	0.0528	0.0010	0.0019	0.0081	0.0026	0.0297	0.0830	0.0045	0.0043
13	0.0593	0.0354	0.0000	0.0038	0.0235	0.0000	0.0391	0.1188	0.0050	0.0140
14	0.0396	0.0310	0.0000	0.0014	0.0163	0.0000	0.0297	0.0492	0.0516	0.0199
15	0.0272	0.0230	0.0010	0.0011	0.0084	0.0000	0.0326	0.0172	0.0689	0.0282
16	0.0256	0.0232	0.0000	0.0022	0.0113	0.0051	0.0192	0.0104	0.0340	0.0216
17	0.0154	0.0163	0.0021	0.0041	0.0087	0.0077	0.0130	0.0085	0.0169	0.0309
18	0.0077	0.0130	0.0010	0.0044	0.0064	0.0537	0.0054	0.0068	0.0129	0.0582
19	0.0052	0.0081	0.0021	0.0129	0.0020	0.0358	0.0063	0.0045	0.0197	0.0435
20	0.0012	0.0027	0.0000	0.0088	0.0023	0.0332	0.0074	0.0145	0.0526	0.0465
21	0.0055	0.0038	0.0000	0.0102	0.0041	0.1432	0.0040	0.0300	0.1184	0.0432
22	0.0101	0.0078	0.0021	0.0058	0.0035	0.1228	0.0038	0.0496	0.1801	0.0206
23	0.0172	0.0035	0.2064	0.0074	0.0026	0.0895	0.0034	0.0581	0.2052	0.0216
24	0.0320	0.0058	0.6099	0.0027	0.0017	0.0767	0.0036	0.0500	0.1659	0.0146

资料来源：微博公开数据整理而得。

通过对表7-4食品安全危机事件在微博中的转发量数据分析可得，大部分事件转发量较多地集中在事件发布后的3小时，其中“饿了么黑心作坊事件”在发布后3小时的转发比例高达26.63%，说明1/4的转发是在事件发布后的3个小时内完成的。之后的转发量整体呈下降趋势，但依旧维持了一个相对稳定的转发量，除“星巴克糕点添加剂事件”“绝味鸭脖卫生事件”和“张亮麻辣烫锈刀片事件”出现了2次舆情高峰，其余7个事件并未出现舆情周期反复的现象，说明在微博上，公众可以相对持续地关注并传播食品安全事件，延长其信息生命周期的长度，弥补传统媒体信息散布时间持久度低的缺点，并将食品安全信息保留在社交媒体上，以便查阅。

通过表7－5中数据分析发现，食品安全危机事件发布后24小时内的转发数和评论数的整体规律较为相似，均依照时间顺序递减，但24小时后依旧有一定量的转发和评论，从而很好地延长了食品安全事件信息生命周期，公众关注效果更好。

同时，根据小康网“2017中国饮食小康指数”调查数据可知，我国饮食小康指数中的饮食安全指数逐年增加，如图7－1所示。

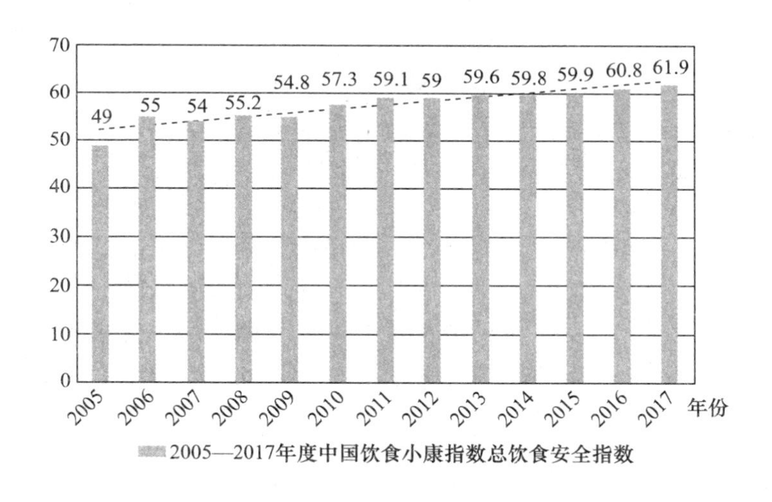

图7－1　2005—2017年度中国饮食安全指数

资料来源：中国小康网。

由图7－1观察可知，我国食品安全指数基本保持逐年增加的稳定趋势，这与公众切实参与到食品安全危机治理密不可分，尤其借用社交媒体平台，将传统媒介信息进一步扩散，极大意义上正向推进了食品安全危机治理工作。

三　现阶段公众参与食品安全风险治理不足之处

（一）公众参与的透明度较低且缺乏相关基础知识

随着公众的食品安全风险意识的逐步提高，从一开始的报纸、广播、电视等传统媒体到微博、微信、论坛等社交媒体人们一直尝试着以不同的方式去获取食品安全风险信息，但是由于媒体信息固有的局限性，公众往往并不能完整地了解整件事情的来龙去脉。公众通过社交媒体获知的食品安全信息内容具有模糊性。监管部门公布的信息中一些非常专业性的词语，大部分消费者理解起来是非常困难的，如果没有专业人员的解读，公众无法在监管部门发布的信息中获取太多有效信息。

（二）公众参与的持续性不够

在社交媒体环境下，面对食品安全问题，公众有权利也有责任进行了解、监督，并适当提出合理化建议，表达自身诉求。

实际生活中，面对社交媒体曝出的种种食品安全问题，公众通过社交媒体，关注并参与食品安全风险治理，虽获得一些成果，但仍缺乏足够的持续度，缺乏后续的事件报道，公众只是在事件当下进行传播，对于事件最终是否得到解决未有大范围关注。如上述表7－1中的食品安全危机事件在48小时后关注度大幅度下降，所以现阶段应增强公众对事件后期报道的关注意识，切实督促有关部门和涉事企业及时进行整改，确保食品安全危机事件得到根本性解决。

（三）社交媒体下食品安全信息缺乏监督机制

在缺乏监督机制的情况下，如果没有消费者的参与，那么食品安全监测的结果会变得无法客观评价，有可能会被极少数利益相关者控制，从而导致公共信息的垄断，监管失效，尤其是通过社交媒体发布的信息，从安全问题曝出到发布，其中环节错综复杂。个人的观点经过文字的加工、新闻的报道，很容易对信息质量产生影响。

在媒体时代下新闻记者所担负的使命和职能被赋予了新的内涵和要求，但部分媒体人缺少相应的职业操守和准则，在利益驱使下通过隐瞒企业的违法信息，或者是夸大企业违法行为的影响，甚至收取非法的信息租金，从而损害了公众的知情权，使虚假的食品安全危机信息大量散布在各个社交媒体上（如微博、微信、QQ空间等）。且大量的来自社交媒体的关于食品安全的用户数据具有较低的关联性和较高的扰乱性，所以对这些数据进行分析时会带来极大的干扰。这便凸显了建立食品安全信息监督机制的重要性，从而有效地整合社交媒体上的舆论，向公众提供切实可靠的食品安全信息，更好地引导公众参与治理食品安全危机。同时，公众由于专业知识的匮乏，依据喜好和个体需求差异，以及与此相关的社会历史背景的差异，对信息的理解也会产生误差。

根据本书第四章第一节中对食品安全危机信息在新浪微博中的传播节点分析，本节进一步对传播节点认证类型进行汇总计算（如表7－6所示），在9个典型食品安全事件信息传播节点中，除了“瘦肉精事件”之外，其他8个事件的传播节点中普通博主都占总节点的75%以上，“酸奶明胶事件”的传播节点中普通博主占92.13%，说明食品安全危机相关信息传播节点大部分是普通用户，而政府认证的用户只占极少数。以往多数研究认为少数有影响力的个体在信息传播、舆论形成过程中具有重要的作用，但D. J. Watts等（2007）提出了不同的观点，他们认为大规模的传播不是由有影响力的个体推动的，而是由有影响力的个体周围的易受影响的大量群体推动的。表7－1中的统计结果表明食品安全危机信息在社交媒体中的扩散是由大量的普通用户推动的，该结果证实了D. J. Watts的研究结论，因此应该引导消费者积极参与媒体监督，提升消费者对食品安全的认知水平。许多消费者缺乏基本的食品安全知识和自我保护能力，在购买食品时，受个人收入和对食品安全认知水平等因素的制约，不关注食品是否带有生产许可、可追溯等标识，只关注价格和外形、颜色、口感，而最重要的是对内在品质缺少关注，还有部分消费者购买食品时只图便宜，不顾及食品的质量和卫生等问题。根据《小康》公布的2014年中国综合小康指数调查问卷结果显示，有38%以上的消费者自己或者亲人、朋友曾因食品质量安全问题而受到损害，但是当自身健康受到损害时，维权的却寥寥无几，消费者的食品安全意识缺乏和淡薄更给食品非法生产、加工、流通、销售各环节提供了可乘之机。而2014年以来食品安全风险来源呈现出更加错综复杂的趋势，互联网渠道销售的食品出现无生产日期、无产品标准等问题越来越多，类似问题出现后消费者维权更难。近几年发生的“地沟油”“染色馒头”“瘦肉精”“农夫山泉质量门”等食品安全事件，基本都是消费者或者媒体曝光，食品安全危机信息一经社交媒体发布，便迅速登上各门户网站的首页，短时间内呈爆炸式扩散，引起政府部门的重视后相关部门进行清查、整顿、明确相关规定，加大打击力度后事件才渐渐平息。通过近几年的食品安全危机事件可以看出，即使有食品安全法律法规的约束，食品安全事件仍然接连不断，因此仅靠政府部门的监管是解决不了食品安全问题的，还需要公众的参与和监督。消费者应该积极参与，一发现有生产或销售问题食品的行为立即通过合法途径曝光或反映给相关部门，每个消费者都要从维护自身利益和大众共同利益的角度去对待问题食品，这样食品安全才能得到保障。

表7-6　食品安全危机信息在新浪微博中传播节点认证类型

类型 事件	普通博主	个人认证	媒体认证	微博达人	企业认证	政府认证	团体认证	校园认证	网站认证
“瘦肉精事件”	1123	—	5	1228	6	—	—	—	—
“染色馒头”	238	52	3		3	—	—	—	—
“毒豆芽”	1076	96	6	235	8	1	—	—	—

续表

事件 \ 类型	普通博主	个人认证	媒体认证	微博达人	企业认证	政府认证	团体认证	校园认证	网站认证
“地沟油”	734	111		127	2	1	—	—	—
“酸奶明胶”	609	45	4		3	—	—	—	—
“毒胶囊”	695	34	2	66	3	—	—	2	—
“农夫山泉事件”	1374	16		84	1	—	—	—	—
“费列罗质量门”	1147	16	1	333	—	—	—	—	—
“福喜问题肉”	1249	13	2	108	13	3	1		2

四 社交媒体环境下公众参与食品安全风险治理的完善与构建

（一）完善多渠道的信息发布制度

食品安全风险信息渠道的使用应当与消费者认知规律相契合，避免发布渠道过窄，目前，社交媒体曝光的食品安全类信息具有一定的局限性，信息内容不全面、评价不客观，从而影响公众对于整件事情的把握、判断。这便要求政府对媒体进行规范，在曝光食品安全信息的过程中，网络媒体应该具有专业的态度，本着还原事实真相，更好地解决问题的原则，使用科学规范的措辞让消费者获取到准确消息。此外，人们除了利用现有的社交媒体平台外，还会去选择官方平台，例如具有高稳定性的各省市食品药品监督管理平台。官方网站平台发布的食品安全信息更具有可靠性、及时性。

（二）增强公众获取真实信息的能力

政府等权威部门应切实扮演好信息“把关人”的角色，夺得真实信息的主导权，在第一时间公布真实有效信息，阻断关于食品安全网络谣言的随意传播。公众应该切实扮演好信息“筛选人”的角色，在信息爆炸的当今社会，普通公众获取真实信息的能力尤为重要。普通公众在面对社交媒体信息转发、评论前，应思考：消息的来源；消息的准确性；信息内容的语气与排版。消息来源是否来自官方媒体、权威机构；媒体上的信息是否有正规出处，是否合理；

文章的语气、排版是否符合网站、平台规模和形式，谨小慎微，减少传播虚假信息而造成社会恐慌的概率。只有提高公众的媒介素养，多方联动治理，才能营造一个良好、清明的食品安全治理环境。

（三）完善信息“反馈—监督”机制

社交媒体环境下公众参与食品安全风险治理必须进一步完善信息反馈机制，监管部门通过和消费者协会、食品行业协会、基层工作单位合作，健全食品安全网络舆情收集和监测机制。在社交媒体的蓬勃发展下，检验消费者关于食品安全的社交评论影响食品安全事件的程度变得尤为重要。所以食品安全类信息急需行政监管部门建立较为完善的“反馈—监督机制”，切实加大对食品安全信息中的虚假消息的整改力度，以确保其执行到位。

综上所述，社交媒体下食品安全问题离不开公众参与，社交媒体是媒介，社会公众是直接参与者，在现阶段公众参与食品安全的治理有其必要性，并取得了一定的成果，公众有了较强的治理意识，对社交媒体上食品安全危机的相关舆论相对理性以及结合传统媒体与社交媒体进一步合理传播食品安全危机信息，但依旧存在透明度较低且缺乏相关基础知识、有责性不足、缺乏相应监督机制等问题。本书详细地分析了公众参与食品安全风险治理的现状，总结其优点，同时指明其较为薄弱之处，并以此提出在社交媒体环境下公众参与食品安全风险治理的完善与构建的相关建议。

第二节　充分发挥媒体认证用户对食品安全的监督作用

根据本书第四章第一节中对 9 个典型食品安全危机信息在新浪微博中的传播情况分析结果发现，9 个典型食品安全危机事件在新浪微博中的发布源头中有 7 个来自媒体认证用户，只有“地沟油事件”和“农夫山泉事件”的来源为个人认证用户，并且通过表4－2中微博发出后分时间段的统计数据发现，个人认证用户发布食品安全危机信息后转发和评论数要远远低于媒体认证用户，媒体认证用户发布食品安全危机信息后几个小时之内每10分钟为一个时间段的转发和评论数基本都在100条以上甚至达到1000条以上，而个人认证用户发布食品安全危机信息后的转发和评论数都在40条以下。由第四章中表4－4对食品安全危机信息传播关键节点的统计分析可知：食品安全危机信息在新浪微博中传播的50个关键节点中，媒体认证用户占到12个。同时根据第四章中对图4－11中的食品安全危机信息传播网络结构中各节点的中心度进行分析发现，媒体认证用户的信息传播能力要高于其他用户，因此应该充分发挥媒体认证用户对食品安全的监督作用，媒体官方微博等平台对食品安全危机信息的报道不仅可以提高信息的透明度，维护消费者利益，而且可以促进监管部门和食品企业更快地回应和解决问题，社交媒体在推动我国食品安全工作方面已经起到了重要的作用。

第三节　增强政府部门的监管意识，切实履行食品质量的安全监管职责

食品安全事件频出，打击了消费者对国产食品安全的信心，政府在食品安全监管领域的权威也受到广泛的质疑，党的十八届三中全会确立“建立最严格的食品安全管理制度”，党的十八届四中全会也把“依法强化危害食品药品安全重点问题治理”作为重点问题治理。政府监管部门要改变以往的分头监管、职责不清、监管机制不协调等问题，完善食品安全监管制度。为此政府部门应采取以下措施：

第一，健全食品安全管理法律体系，截至2014年6月，我国已经颁布的食品安全相关的标准有4900多项，虽然食品安全标准涉及食品生产、加工、流通、消费的各个环节，但是，我国食品安全监

管与美国、欧盟、日本等食品安全监管体系完善和严格的国家或地区相比差距较大，并且和经济水平与我国持平的国家也有差距，主要表现在：相关的法律法规体系不健全，目前已经制定了乳制品、农兽药残留、食品添加剂等食品安全国家标准，和日常生活紧密相关的食用植物油、包装饮用水、调味品、粮食等食品国家标准远远低于国外，特别是欧美标准，欧美国家的食用油必须标明成分含量，但是我国很多食用油只是简单说明原料构成，而油脂含量并没有列出；食品安全卫生标准滞后，我国食用添加剂中有检验方法和标准的只占不到一半，有一半多的食品添加剂没有检测方法，对食品生产企业的食品添加剂滥用的监管和处罚没有法律依据，这给部分食品企业提供了可乘之机；疫情防治和风险预警机制不完善；监测仪器陈旧，灵敏度较低，监测能力达不到国际标准，食品安全得不到保障。国家卫生计生委 2014 年 7 月 10 日公布，国家卫生计生委要设立食品安全标准与监测评估司，食品安全标准与检测评估司一个最重要的职责是依法制定并公布食品安全标准。2014 年对以往存在的各个部门、各个系统制定的食品安全标准交叉重复的问题进行清理，2015 年要对食品安全标准交叉重复问题进行整合，对过去制定的农产品质量安全标准、食品卫生标准、食品质量标准和食品行业标准进行清理和重新修订，预计到 2015 年年底，食品安全标准体系框架制定完成，到时我国的食品安全标准将更接近国际食品法标准，出口食品的检验标准才能与美国、日本、欧盟等食品安全标准的要求更符合，同时也应该加强食品安全标准的管理，对食品安全标准制定的程序进行规范，食品安全标准执行过程要公开透明，职责明确。

第二，不但要严格监控食品生产、流通、销售的整个供应链环节，而且对网络上销售的“三无”自制食品要健全监管机制，健全法律规范，严厉打击无证生产和加工食品的行为并予以取缔，加大食品安全违法的惩处力度。对土壤等食品种植养殖污染源头进行治理，对奶粉等婴幼儿食品的监管进行细分，强制责任保险，警惕隐蔽食品安全风险的发生。

第三，建立食品可追溯体系，国外的经验证明食品可追溯是保障食品安全的切实可行的途径之一，我国目前仅上海、北京、广东等大城市正在逐步实现奶制品、肉类、蛋类等重点产业的全程追溯，预计到2017年可以实现重点食品产业的追溯，现有技术条件限制下还不能做到所有地区全部品类的食品追溯，食品安全追溯各环节仍存在缝隙，未来应运用大数据和云技术对食品进行全程追溯，消费者通过追溯系统可以了解到食品的生产、流通、销售各环节的信息，从而可以减少信息的不对称风险。食品必须有标签，标明食品相关信息，消费者可以追溯食品的生产、加工、流通等环节。一旦发生食品安全问题，相关部门能迅速找到生产商、渠道商等，比如2013年5月1日，佛山对水产品产地标识准入制，对价格比较昂贵的桂花鱼、黄骨鱼等鱼类配上追溯码，在规定执行后查出的4次孔雀石绿残留很快就能追溯到具体产地是哪个鱼塘。食品追溯体系的建立有利于鼓励消费者参与食品安全问题的曝光和危机事件发生后的维权。

第四，搭建统一的食品安全预警信息平台。目前，我国食品安全预警平台主要有中国技术性贸易措施网、中国食品安全信息网、中国食品网、食品质量安全预警平台、食品管理网，消费者通过这些预警网络平台查询食品政策法规、食品企业信息、维权曝光、食品监督等的信息，但是每一个预警网站上查询到的食品安全信息并不相同，食品安全信息披露机构不统一，消费者的关注和信任程度也较低，2014年北京市消费者信心指数调查报告指出只有33.92%的消费者关注这些预警平台，8.04%的消费者信任这些预警平台发布的信息，因此，我国应该建立统一的食品安全预警信息平台，做到食品安全监测信息的实时动态发布，同时应该特别注意食品安全信息发布后大众对信息的评价。不断提高食品安全风险监测的能力，同时加强对食源性疾病的监测和预防，做好食源性疾病的防治工作。

第四节　食品企业在危机发生后应与媒体积极沟通

本书中的9个典型食品安全危机，在问题食品被媒体曝光后，消费者积极参与事件的转发、讨论，提供相关食品安全问题证据，造成广泛的舆论影响，相关政府部门在得知危机信息后高度重视，采取整治行动并向社会公布查处结果等信息。涉事企业大都采取了发表声明或者通过官方微博道歉、回收产品等措施，只有“农夫山泉事件”发生后，农夫山泉企业坚称产品合格，并且在发布会称农夫山泉不会向舆论暴力低头，把媒体监督当成暴力，该企业采取的不当的危机处理方式造成农夫山泉桶装水退出北京市场的严重后果。通过对近几年食品安全事件发生后企业的处理方式来看，企业已经意识到信息传播模式的改变对消费者产生的影响，改变了以往对危机信息的封堵、沉默、蒙混等救火思维，相关企业大都采取了积极沟通的态度。食品安全问题一旦被媒体曝光尤其是被社交媒体曝光后，会引起社会大众的大量关注，因此问题出现后食品企业应该及时给予回应，诚恳道歉并对受到伤害的消费者赔偿相应损失，主动发布危机相关的信息，而非急于推脱责任。由本书第四章第一节中分析可知，食品安全危机信息传播的最关键时间是信息发布后的前4个小时，危机发生后4个小时之内信息的转发和评论数就会达到高峰值，因此企业应该在危机发生后尽快地和受伤害消费者、媒体、公众、政府部门、行业组织等积极沟通，通过召开新闻发布会或者官网声明等形式对事件的进展和处理情况向外公布，并迅速追究相关人员的法律责任，总结教训，采取措施，避免以后出现类似的产品质量问题。同时食品企业要积极建设标准化体系，要严格自律，自觉履行社会责任，同时加强企业诚信建设，在生产过程中严格遵守相关法律法规和标准，建立产品可追溯系统，面向消费者提供企业公开法定信息实时追溯服务，一旦发生问题能迅速找到关键环节。

第五节　食品产业组织引导诚信建设

食品产业的发展不仅关系到消费者的身心健康，还会影响经济发展和社会稳定，层出不穷的食品安全事件打击了消费者信心，也严重影响了食品产业的发展，削弱了我国食品出口的国际竞争力。过去几年我国在治理食品安全问题方面进行的监管机构整合，食品安全法律和标准、行业细则重新制定，企业主体责任落实，食品企业开展产业升级等多方面的努力取得了一些成效，但是仍然存在很多问题，目前我国食品企业存在的问题主要有：第一，加工设备工艺技术落后，设备简陋，加工制造装备缺乏核心技术，我国与美国、日本等发达国家的生产制备和监测技术水平仍然存在一定的差距，部分企业过去一直是通过从国外先进的设备生产商引进生产线进行生产，但是大部分企业的装备水平较低。第二，我国食品工业企业大部分是中小企业，2013 年我国共有食品工业企业 100 多万家，其中规模以上食品工业企业只有 35084 家，规模以上食品工业企业占食品企业比重不到 3%，超过 70% 的食品工业企业规模在 10 人以下，大多为家庭作坊式生产方式，生产的产品结构相对单一、销售途径尚未实现多元化、监测技术和手段不完善。大部分中小食品企业人员没接受过食品安全知识的培训，对食品安全知识了解太少，安全意识淡薄。而我国农产品质量安全更难以保障，原因是生产过程中化肥过量使用、农兽药残留超标、添加剂、防腐剂等滥用，同时水资源的不断污染使农作物在灌溉过程中可能造成污染。第三，我国的食品安全危机事件和国外不同，国外的食品安全危机事件基本都是对食品工艺、原料的预见能力不足和疏忽过失造成的，人为恶意的违法行为不多，而我国的食品安全危机事件像“地沟油事件”“三鹿奶粉事件”“瘦肉精事件”“苏丹红鸡蛋事件”等都是因为部分食品生产企业明明知道对消费者会造成严重危害仍然故意采取违法行为，为降低生产成本而添加或使用成本低的对消费者健康有害的材料。部分食品生产企业缺乏最基本的商业道德，安全风险意识淡薄，企业内部安全管理能力不足，生产和消费环节都存在隐患。威胁我国食品安全的一个重要因素是各种非法添加剂和农兽药滥用，世界卫生组织在2015年4月7日世界卫生日“食品安全”的主题报告中指出，中国化学制剂的使用量普遍超标导致水果、蔬菜表皮中的农药残留增加，威胁中国食品安全的重要因素是化学污染和农兽药残留，我国农业部制定的2015年食品安全重点工作也是治理农兽药残留超标问题。因此食品行业协会、产业组织应完善企业信用制度，积极引导诚信建设，应指导食品加工企业和种植、养殖户完善农兽药监测检验制度，了解国际、国家和地方各级监测标准的变化，通过自控自检提高产品品质，加强行业自律，落实企业主体责任，推进企业诚信体系建设，提高企业质量管理水平。

第八章　结论和展望

第一节　研究的主要结论

本书通过案例研究法、统计分析法、定量研究法、社会网络分析法等多学科研究方法，对食品安全危机信息在社交媒体中的传播进行了研究，主要研究了食品安全危机信息在社交媒体中的传播规律、网络结构分析，对短期和长期传播速度进行实证分析，食品安全危机信息在社交媒体中的传播对消费者、政府监管部门、食品企业、经销商等各方的影响，并根据实证研究结论提出食品安全危机管理体系构建的对策和措施，主要研究结论如下：

第一，对社交媒体中危机信息传播阶段进行划分，通过对2011—2014年发生的9个典型食品安全危机事件在新浪微博中的传播数据进行整理、分析的基础上，根据食品安全危机信息在社交媒体中的传播特征和规律，界定了食品安全危机信息在社交媒体中传播阶段分为突发期、上升期、高峰期、衰退期、平稳期。

第二，运用社交网络分析方法分析了食品安全危机信息在社交媒体中的传播网络结构，以新浪微博为平台，以鹰击系统为数据采集工具，通过对9个典型食品安全危机事件信息传播的溯源和传播节点分析，对各传播节点认证类型、地域进行汇总，接着对每个事件的传播次数、影响人数、传播网络图进行分析，然后提取出传播节点中前50个关键节点，并对各关键节点进行网络结构分析，计算出每个节点的信息传播能力、信息获取能力、影响力等指标。

第三，对危机发生后24小时之内新浪微博用户对信息的转发和评论数据进行实证研究，结果表明同一微博发出后用户的转发数和评论数之间呈现高度相关，并且危机发生后24小时之内的传播速度服从高斯函数，除“费列罗事件”转发数用三阶高斯函数拟合外，其他序列用二阶高斯函数拟合结果和实际数据都非常接近，用拟合模型对食品安全危机信息在新浪微博中的短期传播速度进行预测。

第四，通过对9个典型食品安全事件危机信息在新浪、腾讯、网易、搜狐4个微博平台上连续60天数据的搜集和汇总，运用ARMA模型和BP神经网络方法对搜集到的时间序列数据进行长期趋势预测，对通过实际数据和两种方法的预测数据进行对比来验证模型的精确性和适用性，发现从长期预测效果看，BP神经网络预测值要比ARMA预测值更精确，但是BP神经网络短期内个别预测值偏离实际值较大，短期内ARMA模型预测精确度更高一些，从结果稳定性来看，ARMA预测要优于BP神经网络预测，食品安全危机信息在社交媒体中的传播趋势预测有利于政府部门的危机舆情监测和预警。

第二节　研究不足与展望

本书是在相关理论基础上对食品安全危机信息在社交媒体中的传播进行了探索性研究，虽然在整个研究过程中力求做到科学规范，但由于笔者知识水平和能力有限等方面的限制，结合现有研究成果和在研究过程中存在的问题及不足，笔者认为以下几个方面有待进一步深入研究。

一　从静态到动态的建模

本书食品安全危机信息传播过程假设网络拓扑结构是静态的，而在实际传播中，社交媒体的网络规模与日俱增，各传播节点在传播过程中的关系随时可能产生变化。静态网络中的结论能否应用于动态网络？动态网络的演化规律和特征是什么样的？因此今后要考虑在动态网络环境下研究食品安全危机信息传播的过程。

二 社交媒体中信息传播影响因素研究

食品安全危机信息在社交媒体信息传播过程中，传播节点的个体认知水平、认证类型、所在区域、内心情感等因素都会影响危机信息传播，错综复杂交互式传播的影响因素给研究食品安全危机信息在社交媒体中的传播带来了极大的困难，这是今后重点研究的工作。

三 社交媒体中海量信息数据的进一步挖掘和处理

本书搜集了新浪、腾讯、网易、搜狐 4 个微博平台上食品安全危机传播的实际数据并做了深入的分析，但是由于数据的隐私性和数据获取技术和能力的限制，目前只是搜集了部分微博数据，为了更好地研究社交媒体中信息传播特征，未来应该获取更广泛的社交媒体数据，比如微信平台上信息传播是强关系传播的社交关系网络数据，为社交媒体上的信息传播等行为研究提供无偏的结构特征参数。

四 深入挖掘危机信息传播的内部机制

本书仅对比了几类典型危机的长期传播趋势，并没有对不同类型的危机信息的传播机制深入研究，有待后续工作的进一步开展。

食品安全危机信息在社交媒体中的传播研究具有重要的理论和实际意义，以上几个方面的研究尚属于起步阶段，今后将开展进一步的研究工作。

第九章　进一步的研究

第一节　近两年典型食品安全事件分析

本节的数据采集过程为首先对2016年、2017年两年的食品安全事件相关话题进行分析，2016—2017年的热门食品安全事件包括“胶水牛排”“大闸蟹致癌物超标”“哈尔滨‘天价鱼’”“1.7万罐假冒名牌奶粉案”“鸡肉产品抗生素残留超标”“地沟油火锅”等事件，然后对这些热门食品安全事件进行全网数据搜集汇总分析，选出消费者关注程度最高的事件。从2016年和2017年每年中各选取5个典型食品安全事件进行分析，分析结果显示2016年的典型食品安全事件为“假冒名牌奶粉案”“胶水牛排”“大闸蟹超标致癌物”“饿了么惊现黑心作坊”“鸡肉产品抗生素含量超标”事件，以上几个典型事件因为与消费者切身健康相关，并且日常生活中接触到的比较多，引起了网络大量的关注和讨论，如果涉及的食品安全信息是商业欺诈类或者范围比较小的地域性的事件则受关注程度就低得多，本节选取以上几个事件在新浪微博中的传播数据进行分析，结果如表9－1所示。

2016年4月1日，上海公安部门破获1.7万罐“假冒名牌奶粉案”，涉及的奶粉品牌包括贝因美和雅培，虽然经过监测发现被查获的奶粉符合食品安全标准，但是仍属于冒牌食品。此信息发布之后一天之内就有3284条相关的微博，根据微博博主地域来源分析，

表9－1　2016年典型食品安全危机事件分析

危机事件	开始日期	传播次数（次）	影响人数（万人）	负面（%）	正面（%）	中立（%）	报道来源
“假冒名牌奶粉案”	2016年4月6日	1325	139.68	40.5	31.1	28.4	食品药品监总局
“胶水牛排”	2016年12月11日	6218	3827.15	80	5.2	14.8	网易新闻
“大闸蟹超标致癌物”	2016年11月4日	895	243.23	68.3	23.1	8.6	第一财经日报
“饿了么惊现黑心作坊”	2016年3月15日	2561	7268.26	85.1	13.2	1.7	央视财经
“鸡肉产品抗生素含量超标”	2016年5月1日	1563	32.67	76.4	18.2	5.4	吉林食品药品监局

上海、北京、江苏的网民最为关注，北京的热度值为81，上海的热度值为69，江苏的热度值为58，情绪以负面情绪为主，通过此次事件可以发现目前存在的一些问题，食品药品监督总局等监管部门在面对食品安全信息网络舆论出现时公关能力还需要进一步提升，网络媒体更不要为了获取更多关注故意带有引导成分或者夸大其词引起不必要的舆论恐慌，此次事件中的奶粉属于假冒奶粉，但是并不存在有毒有害等成分，不存在其他质量问题，也符合国家质量标准，此次奶粉的问题是冒用了贝因美和雅培两个奶粉品牌，因此媒体要客观公正地报道，还原事实真相。

2016年5月1日吉林省食品药品监督管理局公布了抽检鸡肉产品结果显示，多个批次的金霉素、强力霉素、土霉素等抗生素残留超标。随后吉林市食品药品监督管理局责令生产企业及时采取措施，将不合格产品召回或者下架，并查明不合格产品的数量、不合格原因，并对相关企业进行进一步的调查处理。

2016年12月11日，网易新闻曝出澳洲加入“胶水”的牛排可以把牛肉边角料重新加工变成合成牛肉，市场上大量“胶水牛排”，牛排里的“胶水”是卡拉胶，添加了卡拉胶的牛排成本便宜很多，部分企业为了牟利，用次品牛肉+卡拉胶拼接做成“合成牛排”，“合成牛排”引起广大消费者的担忧。

2016年11月4日，香港食环署食安中心公布，对9月下旬抽取的大闸蟹样本进行二噁英及二噁英样多氯联苯的含量检测显示，多氯联苯总含量超标，有关水产养殖场生产的大闸蟹进口及在港出售。消息一出，造成了大闸蟹客户瞬间减少，很多客户取消了订单。

2016年3月15日，央视财经曝光了“3·15”记者调查“饿了么”外卖商家，曝光了一组地址模糊，没有餐饮许可证的商铺通过“饿了么”平台接单配送，照片上作坊内满处油污，厨师尝完饭又扔回锅里，“饿了么”平台默认无证无照黑作坊入驻，此事件在社交媒体中的传播影响人数是2016年全年典型食品安全类信息中最多的。信息被曝光后，饿了么紧急成立专项组，全面核查平台涉及的所有餐厅的资质，并请媒体和消费者继续监督和引导，努力让消费者安全放心。

通过对以上5个典型事件进行分析，发现“饿了么惊现黑心作坊”传播次数和影响人数最多，仅新浪微博平台中传播次数就达到了2561次，影响人数高达7268.26万人，通过对比近几年的食品安全事件在社交媒体中的传播影响范围发现，食品安全事件影响人数越来越多，社交媒体在食品安全信息传播中的作用越来越重要。

然后对2017年食品安全事件相关话题进行分析，分析结果显示2017年典型食品安全事件为“海底捞事件”“德芙矿物油超标事件”“俏江南后厨事件”“海天矿物油超标事件”“金鼎轩事件”。各类社交媒体中微博的社交媒体属性最为凸显，同时微博已经成为大众获取热点新闻的重要来源。选取新浪微博作为社交媒体代表进行研究，分析食品安全危机信息在新浪微博中的传播特征和规律（如表9－2所示）。

表 9-2 2017 年典型食品安全危机事件相关报道

危机事件	开始日期	传播次数（次）	影响人数（万人）	负面%	正面%	中立%	社交媒体报道来源
“德芙矿物油超标事件”	2017 年 3 月 6 日	1761	236.81	80.6	18.0	1.4	金融界
“俏江南后厨事件”	2017 年 3 月 16 日	7612	36.59	81.3	4.0	14.7	北京时间
“海天等矿物油超标”	2017 年 3 月 8 日	1962	2520.62	60.4	31.9	7.7	新京报
“金鼎轩事件”	2017 年 2 月 13 日	1210	720.23	82.1	16.0	1.9	北京人不知道的北京事
“海底捞事件”	2017 年 8 月 25 日	14725	5662.86	77.3	15.2	6.6	法制晚报

通过对以上 5 个典型事件进行分析，发现“海底捞事件”传播次数和影响人数最多，仅新浪微博平台中传播次数达到了 14725 次，影响人数高达 5662.86 万人，2016 年、2017 年的食品安全危机信息的传播平台涉及微博到微信、论坛、新闻等全网数据，传播次数和影响人数都有所提高。

《新京报》2017 年 3 月 8 日 20 点 10 分，继德芙被曝出矿物油超出欧盟标准之后，海天、老干妈、老干爹、友加等多款油辣椒产品被优恪网送到德国实验室检测出矿物油超标、含有多环芳烃化合物以及增味剂等。该微博共被转发 1957 次，评论 2370 条，评论和转发集中在微博发出后 24 小时内，24 小时的转发和评论数占总数的 90% 以上。此事件传播过程中关键节点有“The_ Arbiter”“蔡福顺微博”“太原吃货团”“万漪景观朱晨”等共 32 个。图 9-1 为该微博发出后的传播示意图。

《法制晚报》2017 年 8 月 25 日 10 点 23 分，暗访海底捞：老鼠爬进食品柜，火锅漏勺掏下水道，该微博共被转发 14592 次，评论 31627 条，评论和转发集中在微博发出后 24 小时内，24 小时的转发和评论数占总数的 90% 以上。图 9-2 为该微博发出后的传播示意

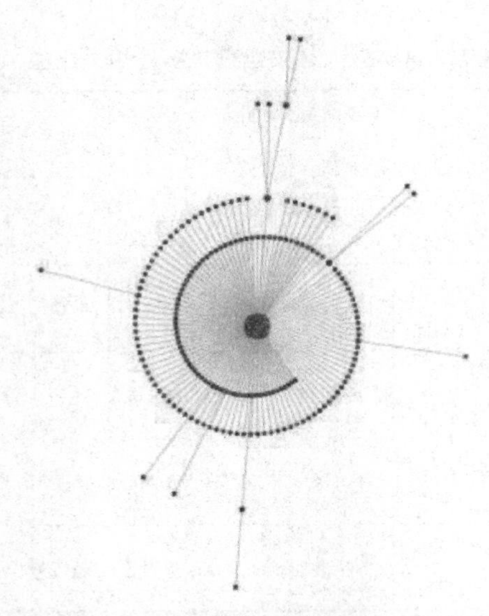

图9-1 “海天矿物油超标事件”传播示意图

图。该事件传播中普通博主10318人，微博达人1469人，个人认证用户571人，企业认证用户50个，媒体认证用户11个，政府认证用户6个，校园认证和团体认证用户各1个。其中的几个关键节点分别为“开水族馆的生物男”，被转发次数为202次；“知乎”被转发次数143次；“来去之间”被转发次数117次。该事件传播中关键节点一共30个，关键节点的粉丝数均超过了1万。

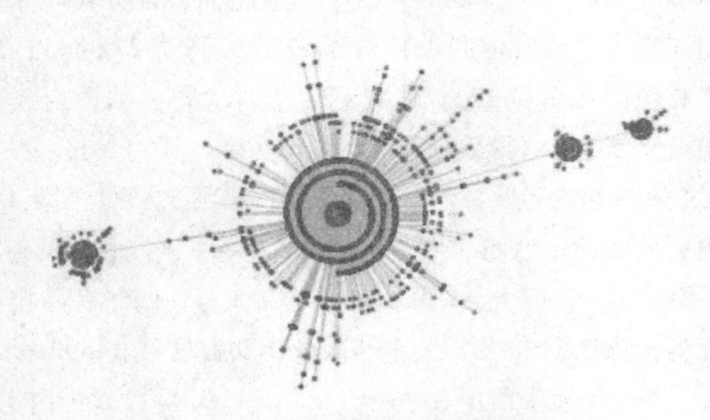

图9-2 “海底捞事件”传播示意图

微博“北京时间”2017 年 3 月 15 日曝光“俏江南后厨黑幕：用扫把洗锅，臭鱼冒充活桂鱼”，该微博被转发 7449 次，评论 5128 次，图 9－3 为该微博发出后的传播示意图。该事件传播的关键节点中，普通博主 172 个，个人认证用户 6 个。关键节点有“赵宇辰 V”“美啦家网 CEO 陈兵兵”“蓉蓉 3354”“妮儿小胖是个小仙女”等。

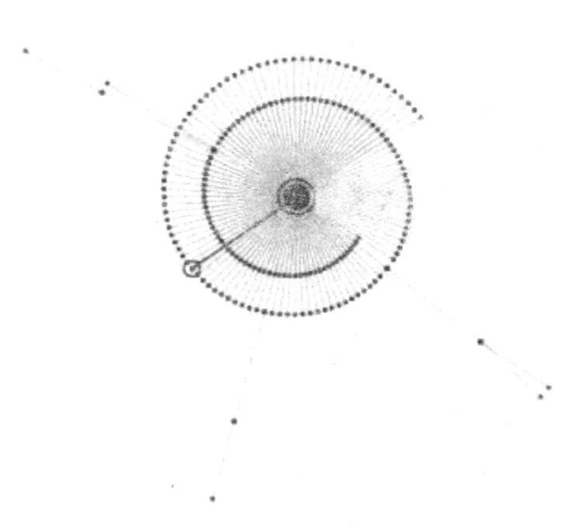

图 9－3 “俏江南后厨事件”传播示意图

2017 年 3 月 6 日，金融界网站曝光“德芙巧克力被检出矿物油超大幅偏高，或损害肝脏等器官”，报道称德芙巧克力被检出聚烯烃低聚饱和烃（POSH）或矿物油饱和烃（MOSH）含量超大幅偏高，对产品成分是否会对脾脏、肝脏和淋巴结等器官造成损害还未知，该事件传播示意图如图 9－4 所示。该事件传播过程中普通博主 159 人，微博达人 30 人，个人认证用户 1 人。

“北京人不知道的北京事儿”曝光金鼎轩把客人喝剩的水重新倒回水壶里，该微博被转发 8690 次，传播过程中普通用户 155 人，微博达人 28 人，个人认证用户 9 人，传播示意图如图 9－5 所示。

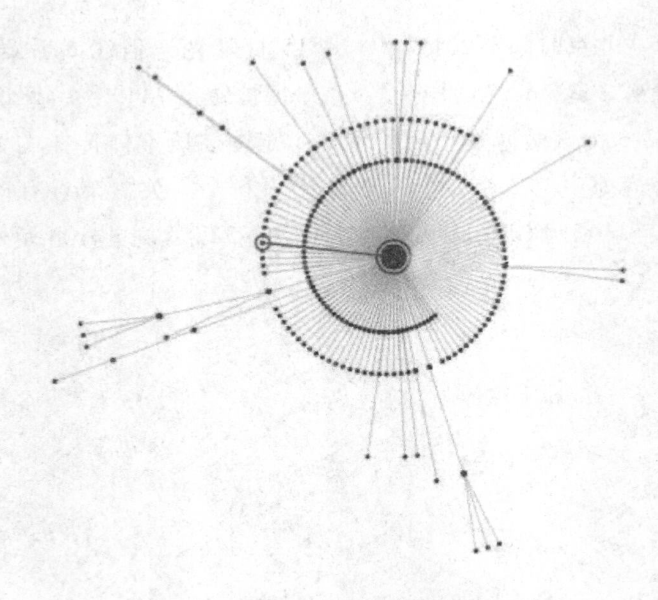

图 9-4 “德芙巧克力事件”传播示意图

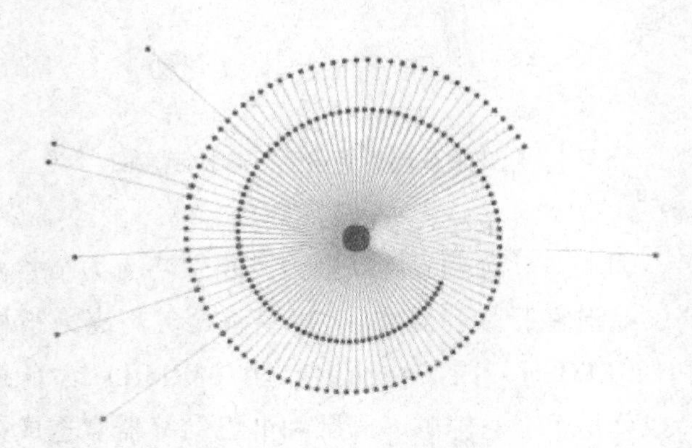

图 9-5 “金鼎轩事件”传播示意图

通过第四章第一节中选取的 9 个典型食品安全事件和 2016—2017 年的典型食品安全事件对比发现，食品安全危机信息在微博中的传播模式仍然是一触即发式和多级传播相结合的混合式传播模式，从传播次数、影响人数和情感分析几个方面的数据进行对比发现，2016—2017 年的典型食品安全事件信息影响人数，比以往事件影响人数超过几千万，情感分析显示大众对食品安全事件信息以负面情绪为主，很多事件的负面情绪的比例达到80%以上，其中“饿了么惊现黑心作坊”事件负面情绪达到了85.1%，通过对比各传播阶段时间点可以看出，信息传播规律仍然是突发期、上升期、高峰期、衰退期、平稳期几个时期，2016—2017年食品安全事件信息传播的和以往的区别在于传播的上升期变得越来越短，大部分事件信息都是在微博发出后一个小时达到了高峰期，相比较，2011—2014年的食品安全事件传播达到高峰期一般需要4个小时，时间在逐渐缩短，衰退期和平稳期变化不大，几乎都是在24小时之后逐渐进入平稳期，基于以上对比，食品安全危机信息影响人数越来越多，评论和转发等传播达到高峰期的时间越来越短，因此更需要食品安全监管部门和涉事企业提高效率，在更短的时间内作出积极反应，及时发布真实准确的信息，进一步完善食品安全类信息的网络与预警机制，为消费者构建安全放心的食品消费环境。

第二节 典型食品安全事件全网信息分析

一 食品安全网络信息的进一步挖掘

为进一步挖掘典型食品安全事件信息，本书搜集了几个典型食品安全事件在微博、博客、微信等全网的数据，并对数据进行分类汇总得到表9-3至表9-8数据，通过对比表中数据可以知道，本书选取的几个典型食品安全事件中，“地沟油事件”是所有事件中受关注程度最高的事件，受关注程度较低的是“染色馒头事件”。在全部的网络舆情来源中，微博仍然是占比最多的来源，超过50%的网络信息来源于微博，其次是微信，最近几年关于食品安全的信息在微信中传播呈现几何倍的增长，传播影响人群范围广泛，传播速度和影响人群已经超过了微博，网站和论坛的影响力弱于微博和微信。微博平台因为有各类人群活跃，通常一个话题会引起很多不同的观点和说法，每个用户都有机会接触到同一件事的各种观点，微信是一种强关系连接，微信用户之间互相影响，改变了信息单项传递，信息传递变为交互过程，继微博之后，微信成为大众分享和传播信息的最重要的平台和媒介。

表 9－3　　　　“地沟油事件”网络舆情

来源	1	2	3	4	5	6	7	8	9	10	11	12
全部	42644	31109	71894	64984	60881	47077	64234	46734	40705	37486	65344	72506
微博	28909	17621	51823	37693	36739	26581	37365	23994	17353	17650	32285	38830
微信	3586	3528	5144	6840	5574	6368	7316	5030	7036	6112	9046	12427
网站	2664	3248	4297	6745	5168	4054	5895	4278	3565	4178	7332	7247
论坛	2469	2199	3517	3787	3846	3605	4813	3827	3546	2478	4381	4372
新闻	1987	1718	2707	3145	3818	2130	3318	3663	3091	2455	4284	3494
客户端	1472	1578	2037	2504	2828	1846	2751	2487	3086	2101	3998	3119
政务	807	754	1252	1855	1314	1169	1216	1841	1367	970	1618	1204
博客	494	316	818	1591	998	792	948	1122	1155	932	1114	1153
报刊	189	117	234	737	422	473	580	398	386	563	944	452
视频	28	19	45	68	156	44	13	84	113	36	309	188
外媒	39	11	20	19	18	15	19	10	7	11	33	20

通过最近几年的全网数据连续统计分析发现，关于“地沟油事件”的网络信息每个月都在几万条以上，最高达到 72506 条信息，最低的也达到了 31109 条，平均每天都有超过百条的相关信息出现。其中微博占比最多，3 月的数据中，全网数据一共 71894 条，微博占 51823 条，占到 72% 以上，数据最低值出现在 10 月，全网数据共 37486 条，其中微博占 17650 条，占到 47%。每一次食品安全事件信息被曝光后，就会出现传播峰值，尤其是央视等新闻媒体曝光的信息出现后，短时间焦点问题，食品安全事件会引发大众谈“食”色变，网络上大量的食品安全信息全网数据呈现出爆发式增长，食品安全始终是消费者关注的、让大众应接不暇的。

表 9－4　　“染色馒头事件”网络舆情

来源	1	2	3	4	5	6	7	8	9	10	11	12
全部	1073	1092	2004	2105	874	1160	1570	1453	1166	945	1122	1421
微博	673	637	1018	1563	412	512	800	824	454	419	555	679
微信	129	117	391	165	157	298	373	255	246	221	202	231
网站	94	110	196	157	90	147	192	98	216	131	176	214
论坛	75	106	137	73	81	76	58	65	79	58	68	98
新闻	46	66	117	46	58	65	47	65	78	47	48	62
客户端	24	22	82	45	31	26	44	58	41	34	33	57
政务	18	22	37	34	25	20	35	41	33	26	24	56
博客	11	7	15	18	16	14	15	29	15	7	9	14
报刊	2	4	11	3	3	2	3	15	3	2	5	8
视频	1	1	0	1	1	0	3	3	1	0	1	1
外媒	0	0	0	0	0	0	0	0	0	0	0	1

“染色馒头事件”全网的数据相对较少，最多的月份为 2105 条信息，大多数相关信息出现在微博，博客、报刊、视频和外媒涉及的相关信息都非常少，微博和微信的信息占到了总信息的 70.87% 以上，微博信息占 53.43%。

表 9－5　　“毒豆芽事件”网络舆情

来源	1	2	3	4	5	6	7	8	9	10	11	12
全部	1572	1248	2910	2272	2191	4997	1969	1844	1566	1803	1881	2502
微博	1011	730	2139	965	1026	1244	910	794	937	1213	1389	1798
微信	174	140	258	396	327	1125	378	345	160	163	132	209
网站	122	84	127	362	287	893	320	221	124	140	101	195
论坛	98	84	119	199	141	696	114	161	104	107	92	103
新闻	78	78	100	107	137	414	110	130	71	105	60	94
客户端	35	77	70	97	122	358	42	105	54	32	50	39
政务	34	37	36	81	67	108	39	40	52	21	25	37
博客	12	9	32	48	53	95	37	25	52	19	22	15

续表

来源	1	2	3	4	5	6	7	8	9	10	11	12
报刊	6	7	14	14	23	42	13	16	10	2	8	7
视频	1	2	14	2	6	13	3	6	2	1	2	5
外媒	0	0	1	1	2	9	3	1	0	0	0	0

“毒豆芽事件”全网信息相对也比较少，每个月的数据相差不多，也基本都集中在微博上，微信数据相对较少，博客、报刊等数据更少。

表 9－6　“毒胶囊事件”网络舆情

来源	1	2	3	4	5	6	7	8	9	10	11	12
全部	3044	4963	4982	4513	3305	4096	3304	4122	3824	3805	4100	4807
微博	2098	3570	3722	3184	1799	2303	2116	2206	2380	1657	1653	2224
微信	270	369	437	451	408	721	400	701	523	580	1278	1129
网站	175	332	288	279	352	366	354	369	273	572	388	657
论坛	147	218	187	224	198	227	155	330	201	424	324	237
新闻	118	166	157	141	167	198	88	187	145	227	181	192
客户端	105	125	93	77	154	131	87	161	134	186	133	163
政务	56	102	50	74	92	104	70	127	129	113	95	147
博客	52	48	26	43	82	28	21	21	26	31	25	37
报刊	19	28	17	31	48	17	13	13	8	12	18	17
视频	4	4	5	6	5	1	0	0	3	3	4	3
外媒	0	0	0	3	0	0	0	0	2	0	0	0

“毒胶囊事件”微博信息占比都在 50%，微信的占比基本都在 10% 以上，6 月达到 17.61%，微信平台在食品安全危机信息传播过程中起到了越来越重要的作用。

表 9-7 "费列罗事件"网络舆情

来源	1	2	3	4	5	6	7	8	9	10	11	12
全部	27489	55363	26671	14889	17111	10464	15842	55608	46079	10771	57780	95045
微博	24694	51851	24680	12275	15419	8419	14360	52672	43515	8225	55379	92020
微信	866	1170	676	966	707	613	383	770	806	682	695	699
网站	613	856	410	574	389	421	302	712	461	522	444	575
论坛	580	514	320	389	200	320	211	575	453	437	351	563
新闻	309	408	279	266	152	302	208	411	312	310	324	558
客户端	228	307	168	210	149	283	161	290	280	269	312	431
政务	93	153	82	92	42	44	107	101	136	249	168	128
博客	44	47	26	79	26	38	89	34	69	40	72	43
报刊	25	33	21	23	15	19	11	31	37	29	23	19
视频	25	22	3	11	6	5	5	8	9	6	9	9
外媒	12	2	6	4	6	0	5	4	1	2	3	0

"费列罗事件"的信息主要集中在微博，所有月份中微博信息都占到80%以上，最高的12月占到96.82%，微信信息占比相对于其他事件较少，只占到3%左右，其他平台信息更少，报刊、博客等媒体占比非常低。

表 9-8 "农夫山泉事件"网络舆情

来源	1	2	3	4	5	6	7	8	9	10	11	12
全部	22085	23719	38144	187905	83809	46371	72683	116509	185475	76318	68062	149298
微博	16873	18208	25949	177072	72382	33559	59908	101355	168021	62796	54332	134088
微信	1505	1760	5311	3270	2587	3580	3799	3978	5001	3514	3431	3739
网站	1482	1528	2583	2588	2569	2746	2930	3897	3652	3172	2968	3690
论坛	664	574	1628	2541	2490	2485	2560	2199	2985	2728	2958	3076
新闻	513	568	1044	881	1345	1534	1466	1980	2473	2164	2092	2459
客户端	505	536	674	692	1298	1454	1076	1957	2156	1124	1252	1343
政务	367	349	610	564	676	524	496	621	588	437	592	509
博客	149	137	222	205	270	314	271	296	364	208	238	217

续表

来源	1	2	3	4	5	6	7	8	9	10	11	12
报刊	49	44	105	77	158	118	140	174	185	117	153	129
视频	9	12	9	1	90	18	14	44	34	3	9	42
外媒	5	3	9	2	5	9	3	8	16	5	7	6

“农夫山泉事件”全网信息相对较多，全网数据 1070378 条，平均每天有几千条相关的信息，其中，微博数据 924543 条，微信数据 41475 条，微博和微信数据占比 90.25%。

以上几个事件中，根据同时间段的监测数据汇总发现，“农夫山泉事件”的信息最多，其次是“地沟油事件”“染色馒头事件”相关的信息最少，微博数据占到全网数据的一半以上，微信数据呈现出逐渐上升的趋势，公众主要的传播食品安全信息的平台仍然是微博和微信。

表 9－9　　2016 年典型食品安全事件舆情来源地域信息

“假冒名牌奶粉案”		“胶水牛排”		“大闸蟹超标致癌物”		“饿了么惊现黑心作坊”		“鸡肉产品抗生素含量超标”	
北京	8402	北京	2190	北京	28496	北京	57388	广东	266691
广东	4886	广东	477	江苏	28469	广东	27732	江苏	248063
江苏	1553	江苏	237	广东	22749	山东	27070	北京	206596
山东	1517	山东	228	山东	19142	江苏	16438	浙江	150419
上海	1485	浙江	160	浙江	13333	浙江	15637	山东	144928
浙江	1377	上海	154	福建	9680	上海	15197	陕西	93760
福建	916	河南	147	湖南	9526	福建	9886	湖南	77163
河南	865	四川	137	河南	9103	河南	8100	重庆	66798
四川	709	福建	118	上海	6543	湖南	6877	河南	57156
湖北	556	陕西	113	安徽	4340	陕西	6822	四川	53788

通过 2016 年几个典型食品安全事件的网络舆情地域来源分析发

现，舆情来源地比较集中在北京、上海、广东、江苏、山东、浙江几个地区，福建、河南、四川等地的信息相对少一些，其他地区信息数量很少。

表 9 - 10　　2017 年典型食品安全事件舆情来源地域信息

"德芙矿物油超标事件"		"俏江南后厨事件"		"海天等矿物油超标事件"		"金鼎轩事件"		"海底捞事件"	
北京	29410	北京	11858	广东	29394	北京	17071	北京	38439
广东	17578	广东	7025	四川	10925	河北	6732	福建	34900
江苏	15353	上海	3657	广西	9066	湖北	4016	广东	30031
山东	14176	江苏	3453	浙江	5350	广东	3835	江苏	23979
浙江	7448	山东	3328	北京	4155	河南	2668	山东	18920
河北	5383	浙江	2686	陕西	2442	上海	1382	上海	16404
河南	4902	河南	1872	江苏	2054	山东	1109	浙江	14421
上海	4764	湖南	1576	安徽	1617	湖南	915	河北	9129
安徽	4411	陕西	1539	山东	1102	江苏	867	湖北	9099
湖北	4362	湖北	1511	湖北	1001	安徽	793	河南	8982

通过 2017 年几个典型食品安全事件的网络舆情地域来源分析发现，舆情信息来源主要集中在北京、上海、广东、江苏、山东这几个地区。和 2016 年的区别在于：湖北省在 2017 年的几个典型事件中网络舆情都有所增长。根据表 9 - 9 和表 9 - 10 的结果显示，网络与其来源基本一致，网络舆情来源地域与所在地区经济发展水平有关，究其原因，一个重要原因是经济发达地区人口流动性和人口密度都大，所需要的食品数量较多，食品还需要较多的外部输入，另一个重要的原因是经济发达地区食品安全类信息更公开和透明，主要的网络媒体关注和报道的也相对较多。

根据 2016—2017 年本书的调查结果，26.31% 的受访者认为最近两年的食品安全的总体情况比之前有所好转，消费者的信心也有所增强，几乎所有的受访者对食品安全问题都非常关注，消费者普遍认为我国目前的食品安全环境已经有所好转，但是大多数消费者很难辨别网络上的食品安全信息的真伪，因此需要食品安全监管部门对网络食品安全信息进行进一步监管，激发公众参与食品安全谣言的举报，有效防控和应对食品安全事件带来的危害。

在以往研究的基础上，近几年主要围绕食品安全海量信息的进一步挖掘和处理，通过对比微博、微信、网站、论坛、客户端、新闻、政务、博客、报刊、视频、外媒等全网数据，进一步分析了典型食品安全事件全网相关数据。以后的研究重点是微信平台的社交关系网络数据获取，进一步地研究食品安全类信息网络传播特征，为食品安全问题解决提供政策依据。

二　食品安全危机网络舆情演化特点及发展趋势

近年来，网络媒体不断曝出食品安全事件，频繁发生的食品安全事件严重威胁着公众健康，甚至影响经济社会的稳定发展。互联网作为重要的信息传播通道，已发展为公开透明的利益平台和各种流行舆论的信息集中地。与此同时，网络舆论在社会中所扮演的角色也开始显示出不容小觑的力量，进一步影响着食品安全形态的发展过程。

（一）食品安全危机网络舆情演化特点

由于互联网规模快速增长导致周边产业成为社会焦点，互联网发展也对企业经营模式产生持续影响，加快了部分行业对互联网化、信息化的步伐。如此庞大的网民规模，再加上近几年来食品安全事故频繁发生，致使消息一旦产生，便会得到迅速的传播、扩散，更严重的是扭曲事实真相，由此造成的后果无法抑制。

截至目前，我国的网民主要集中在10—39岁年龄段的群体，并逐渐呈现出向低龄和高龄方向分布的趋势。根据现有资料显示，随着互联网的快速发展，食品安全危机网络舆情随之演化出以下特点：

1. 传播源头隐蔽，难辨真伪，防范困难

网络平台传播信息方便快捷，公众只要通过QQ、微信等平台，

便可以不受约束、随时随地发布任何信息。近些年来，被警方查处的散播谣言网友屡见不鲜。而且，这些虚假信息短时间内快速地转发到各种网络媒介上，具有很强的突发性，防范困难性极大。

2. 受关注的程度高，影响力大，传播速度快

由于民生健康问题与食品质量问题密切相关，所以受到社会各界和网络媒体的高度重视。国家舆情调查实验室在今年5月首次发布了网络舆情指数，数据显示，在最受社会公众关注的重大社会问题方面，食品质量安全的关注度跻身前列，最高达到了70.4%，其次为空气质量状况，达到67.9%。一些偶发性事件，通常会演变成具有行业性、全球性的危机，甚至牵连到所有的同类产品。

3. 情绪引导，理性较少

食品安全既包括生产安全，也包括经营安全。在曝光的食品卫生安全事故中，涉及的领域繁多。比如生产、加工、销售、质检等诸多环节问题也被屡次曝光，频发的食品安全事故通过媒体的扩散传播致使大部分公民对国内食品卫生安全的信任度产生了怀疑。对于这个问题，社会公众难以用理性的态度去思考、对待，纵使有一些理性的正面观点由于受大部人的质疑也会很快遭到打压。因此，正面引导社会公众理性对待网络舆情的难度极大。

（二）食品安全危机网络舆情的发展趋势

我国食品安全事件的分布具有地域性，对于不同地区、不同种类的食品，应建立长久有效治理的观念态度，对风险预测和监控的方法进行不断研究。因此，需要将食品安全风险管理政策作为一项长期的任务，与时俱进，从而使整个食品供应链的质量达到安全的控制水平。由于对食品安全进行预防和治理需要一定的外部环境条件作为支撑，因此，应加强对食品安全制度的大力宣教，增强群众消费意识，提高消费能力；进一步落实追责制度，提高食品安全相关信息的透明度。食物安全网络舆论涉及范围广、传播的速度快，兼有频发性和互动性特点，如果缺乏合理的控制和指导，很容易变成社会威胁品。因此，其发展趋势呈现出以下几个特点：

1. 舆情发展过程中容易产生谣言

食品安全事件信息出现后，许多网络评论不全是以“新闻版面”的形式出现，而是频繁出现在聊天室、QQ 和微博等聊天工具中，并且通过各种网络舆论的表现方式进行传播扩散。致使网友很容易产生将网络平台当作情绪宣泄的平台，这样就更容易形成舆情传播的局面。

2. 信息杂乱，涉及范围广

由于网络信息传播杂乱，信息内容涉及的范围和传播范围较广，因此更容易造成群众的惶恐不安。

3. 具有突发性的食品安全危机对社会影响力极大

食品安全是一个重大的社会问题，也是涉及公众切身利益的民生问题，同时也是媒介的热门话题。由于信息技术的快速发展，促使网络舆论的发展成为新闻媒体研究的热门话题。食品安全危机管理机制的建立和食品安全危机制度的完善以及积极有效地预防和治疗，可以最大限度地减少食品安全危机带来的意外伤害，对社会和经济的稳定发展也产生了积极的作用，为进一步预防和控制措施提供科学依据，对于政府来说，也为确保民生的健康和公众情绪的稳定发挥着重要作用。因此，及时有效地应对和处理已发生的食品安全事件，对于推动和建立食品安全机制以及食品安全危机预防工作有积极的影响。将食品安全危机带来的危害最大限度地降低已经成为各级政府和监管机构所面临的巨大挑战。

三 食品安全视角下网络舆情的处置探究

（一）食品安全网络舆情处置时应把握的重要环节

食品安全网络舆论具有在互联网上扩散速度快、传播范围大、影响力广等特点，一旦缺乏相关部门的有效监管，极易威胁社会经济的发展。因此，要按照以下环节对食品安全网络舆论进行监测管理。

1. 实时监测

在食品安全网络舆论的传播范围扩散的情势下，当务之急是如何准确地收集和提取相关的网络信息。特别是在应急过程中，完善网络舆论监督机制、收集有效的舆论信息，最为重要的是如何把握相关信息。只有将被动权作为主动权，才能及时了解形势，引导监督，遏制负面的新闻炒作。为了防止其蔓延，应最大限度地扩大对食品安全危机舆论的控制。

2. 快速反应

网络舆情来势凶猛，所以不能存在侥幸心理。政府机构必须坚持及时处理的原则对此加以关注，不允许对舆情进行隐瞒，及时了解掌握舆情的发展动态。如果不及时进行处理，事态就很有可能进行恶化，甚至对社会造成恶劣的影响。

3. 积极应对

对于食品安全网络舆情传播不要选择回避态度，要积极主动地加入了解。采取适宜的对策渗透处理，否则延时应对通常会对监管过程造成不利的影响，甚至使政府所处的地位由主动变为被动，同时违背了信息的传播规律。

4. 合理处置

对食品安全网络舆情的扩散要采取行之有效的方法加以处置。在此工作过程中，要加大宣传、说服、引导的工作，对网民由此产生情绪应加大力度控制。对于确实存在的网络舆情，经查证后要及时发布相关处理信息，向新闻媒体和广大网民表明态度和决心，争取获得社会各界力量的信任和支持，树立勇于承担责任的良好形象。对于流传的虚假信息一经查实必须进行及时辟谣，并对恶意传播虚假信息的人员依法追究其伪造和恶意传播的责任。

（二）食品安全事件与网络舆情的探究

食品安全类信息已经成为新闻媒体的焦点话题，随着不断曝光的食品安全事件和网民数量规模的不断扩大，加上网络媒体的传播速度快、影响范围广等特点，食品由于其特殊性涉及众多相关学科，食品安全监管涉及多个部门，因此要加大监管力度，避免食品安全危机的产生。

四 食品安全危机网络舆情的重要性及应对措施

近年来，随着食品安全事件的频繁发生，网络舆情在此过程中扮演着重要的角色，需要充分重视，多措并举，多方应对。

（一）食品安全危机事件中网络舆情应对的重要性

民以食为天，与其他社会问题所激起的舆情相比，食品危机事件导致的网络舆情具有3个特征：第一，舆情受关注程度更高，食品安全因为受消费者关注程度高，导致网络成为食品安全信息传播的主要载体；第二，网络舆情的标准化管理，关键在于能够形成一套规范化的判断标准和处理方案，能够准确判断舆情等级，并使之得到科学处理；第三，网络舆情的反馈管理，关键在于对舆情应对做出科学合理的评价。网络舆情事件自然会获得公众的高度重视，同时，极其容易引起人民群众不满的情绪，易导致食品安全事故演变成为食品安全危机。如不能及时有效地应对、有效化解，对企业经营、人民生活、政府公信力，甚至社会稳定都将构成威胁。因此，需要充分重视、科学应对。

（二）食品安全危机事件的应对措施

网络舆情随着互联网技术的飞速发展，食品危机事件的网络舆情数量大、内容杂，其原因首先在于其社会关注度高、社会反响大，其次在于舆情参与人数多，在互动中不断推高舆情。舆情数量之大，表现在相关新闻多、网民留言多以及转载分享多，迫切需要采取全流程管理。

1. 加强管理，加强对网络舆情的识别和预警

网络舆情应对的前馈式监管，关键在于能够在第一时间从海量信息中准确发现可能扩散蔓延的高危舆情，做好应对准备。加强管理的标准化、程序化，做好应对措施，网络舆情的标准化管理，关键在于能够形成一套规范化的研究判断标准和处理方案，能够准确判断舆情等级，并使之得到科学处理。它以形成规范应对流程为重，通过对食品安全事件各要素判断作出符合规律的分析，判断舆情发展趋势，确定舆情等级，以此为依据采用不同的应对方案。

2. 做好舆情的总结和善后工作

在舆情回落之后，有关部门大体可以进行以下 3 个方面的工作；首先，部门内部要做好舆情的应对总结工作。其次，有关部门需要分析舆情各阶段的具体情况并提出应对措施，对原有的应对方案进行修改完善。最后，及时对社会各界做好通报工作，将食品安全信息的处理结果及时向公众通报，恢复公众的信心。

五　对于食品安全危机网络舆情演化的控制建议

食品安全事件频发，使它经常成为网络媒体的热门话题，同时也是人民群众表达个人意见和宣泄情绪的主要平台。因此，对食品安全网络舆论的演化加以控制对我国食品产业具有重要意义。根据我国食品安全网络舆论的基本特征和食品安全网络舆论事件和变化规律，提出实施食品安全网络舆论监测和早期预警需要建立食品安全公众舆论的指标体系、系统框架、监测和预警技术研究，在实际食品安全信息传播中，包括网民主体、网络新闻媒体、企业主体及政府主体这四类主体之间有着交互复杂的关系。四类主体相互关系如图 9 - 6 所示。

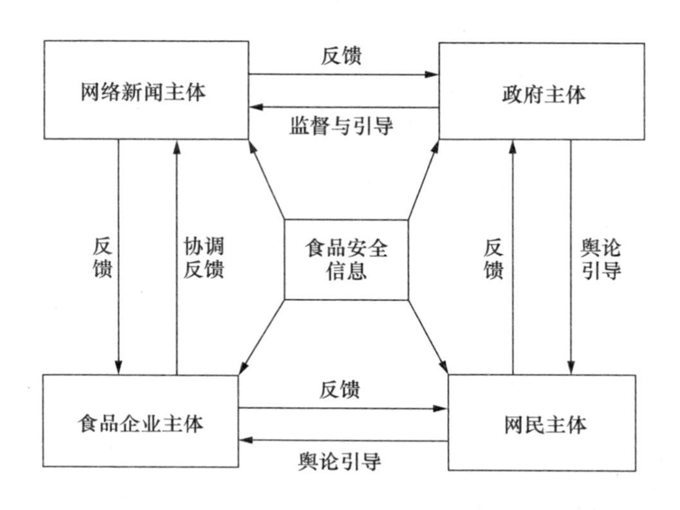

图 9 - 6　四类主体之间交互关系

在食品安全信息传播过程中，网民之间以及与其他主体发生频繁的交互关系，网民会通过网络媒体进行信息沟通，并传播和影响着周围网民的态度和行为。在食品安全事件发生后，政府会在一定时间在官方网站上发布该信息，此时网民可以根据政府发布的信息做出相应回应，且政府为了维护公共安全会监测网民行为。食品企业是食品安全事件的责任主体，最重要的是加强自身的社会责任意识，提高食品安全质量，并且遵守国家相关的食品安全法律法规，做好第一责任人。再者，重视网络媒体，利用网站、微博、论坛等渠道与广大消费者沟通，及时了解消费者需求。

食品安全问题已成为全球性的重大问题，我国也进入食品安全提升阶段，而在该阶段中，网络环境在食品安全信息传播上起着重要作用。在网民的日益增多，公众的高度重视和食品安全事故频繁发生的大背景下，让食品安全类网络传播有了生存的土壤。网络媒介的虚拟性和快捷方便性，再加上其与传统媒介相比所具有的优势则为食品安全类信息传播提供了一个新型的传播渠道。相应的社会背景和先进的传播渠道为食品安全信息的传播与扩散提供了客观条件，使更多的消费者了解到目前的食品安全现状，更能为现在和将来的预防提供信息保障，免受食品安全问题的伤害。通过网民的自发扩散，食品安全类信息便可从海量的信息中脱颖而出并带来一定的社会影响力。首先，食品安全信息的扩散，其带来的社会影响是很大的。它可以引起各方的注意重视，促进问题解决。而通过食品安全信息的传播环境、扩散动力和传播过程分析，我们可以看到，通过适当的途径有效监管防控食品安全问题。防控主要分为预防、治理和反思阶段。防控的实施主体主要是政府部门、网络媒体、网民群体。他们之间起着相互影响、相互推动的作用。我们可以预期，通过政府部门网络媒体和广大网民的多次循环互动，形成一个更加完整、科学的食品安全问题防控系统以及食品安全问题能更好地解决。

附　录

食品安全危机信息在社交媒体中传播的问卷

您好！首先感谢您抽出宝贵的时间配合我们这次有关食品安全危机信息在社交媒体中的传播的调查。本次调查旨在了解您对食品安全危机传播的认知情况，以利于提出政府监管部门、食品生产企业、消费者共同努力提高食品安全的解决措施，问卷不记名，您所回答的问题，我们也会严格保密，所以请认真回答以下问题，以使我们的研究更具代表性。您的支持和帮助将会使我们的研究更有意义！

说明：社交媒体指可以进行信息的获取、分享、评论、传播的网站或平台或技术或工具，人们可以通过社交媒体可以分享观点、对事件的评论、经验等信息。社交媒体发展至今包含了非常广泛的内容，主要有社交网站、微信、论坛、微博、虚拟社区、播客等。

食品安全危机是指因食品数量和质量问题对人群、组织、社会和国家产生的重大危害事件，本研究所指的食品安全危机为“地沟油”“瘦肉精”“染色馒头”“福喜问题肉”“毒胶囊”“费列罗质量门”“毒豆芽”“酸奶添加明胶”“农夫山泉质量门”9个典型食品安全危机事件。

1. 性别

A. 男　　　　B. 女

2. 年龄

A. 10 岁以下　B. 10—20 岁　C. 20—30 岁　D. 30—60 岁

E. 60 岁以上

3. 受教育程度

A. 初中及以下　B. 高中或中专

C. 大专　D. 本科

E. 硕士及以上

4. 您通常通过哪些媒体获取危机信息?

A. 电视　B. 广播　C. 报纸　D. 面对面交流

E. 网络

5. 您每天的网络在线时间?

A. 0. 25 小时以下　B. 0. 25—0. 5 小时

C. 0. 5—1 小时　D. 1—2 小时

E. 2 小时以上

6. 您使用社交媒体的频率

A. 很少　B. 每周两三天

C. 每周有四五天　D. 几乎每天

7. 您认为社交媒体对您的生活或工作是否重要

A. 不重要（一般）　B. 比较重要

C. 非常重要

8. 您经常用的信息传播工具是什么?

A. 微博　B. 微信　C. 天涯论坛　D. 朋友网

E. 人人网　F. QQ　G. 其他

9. 您认为微博的主要功能有哪些?

A. 关注新闻/热点话题　B. 关注感兴趣的人

C. 分享转发信息　D. 发照片、看视频、听音乐

E. 玩游戏　F. 其他

10. 您从微博中获取热点话题的原因?

A. 对话题的反应及时　B. 话题关注度高

C. 快速传播触达用户　　　　　D. 事件/话题发展脉络清晰

E. 事件相关机构或企业反应及时

11. 您认为微博对社会最主要的影响是什么?

A. 使热点话题传播更快　　　　B. 发布个人意见的平台

C. 推动公益事业　　　　　　　D. 政务更透明

E. 企业和消费者的沟通桥梁

12. 您每次采用社交媒体工具主动向您的联系人或好友发送危机信息的频率?

A. 每天 1 次以上　　　　　　B. 一两天一次

C. 每周 1 次　　　　　　　　D. 每月 1 次

E. 每年一次甚至更少

13. 您通过社交媒体发送危机信息的对象一般是:

A. 亲人　　　　B. 同学　　　　C. 朋友　　　　D. 网友

E. 工作伙伴

14. 您通过社交媒体传播的危机信息主要是哪些方面的?

A. 地质灾害类　　　　　　　　B. 艳照丑闻类

C. 食品安全类　　　　　　　　D. 流行疾病类

E. 经济危机类

15. 您通过社交媒体给联系人发送危机信息的目的是:

A. 告知危机事件　　　　　　　B. 提醒对方注意安全

C. 仅为传播一则新闻　　　　　D. 其他

16. 您一般在危机事件发生后多长时间能收到危机相关信息?

A. 几个小时之内　　　　　　　B. 一天以内

C. 一周之内　　　　　　　　　D. 未收到

参考文献

[1] 世界卫生组织:《食品安全在卫生和发展中的作用》，人民卫生出版社 1986 年版。

[2] 任德生、解冰、土智猛:《危机处理手册》，新世界出版社 2003 年版。

[3] 薛澜、张强、钟开斌:《危机管理——转型期中国面临的挑战》，清华大学出版社 2003 年版。

[4] 刘刚:《危机管理》，中国经济出版社 2004 年版。

[5] 胡百精:《危机传播管理》，中国传媒大学出版社 2005 年版。

[6] 徐耀魁:《西方新闻理论评析》，新华出版社 1998 年版。

[7] 沃纳·塞佛林、小詹姆斯·坦卡德:《传播理论——起源、方法与应用》，郭镇之等译，华夏出版社 2000 年版。

[8] 汪小帆、李翔、陈关荣:《复杂网络理论及其应用》，清华大学出版社 2006 年版。

[9] 李彬、吴凤、曹书乐:《大众传播学》，清华大学出版社 2009 年版。

[10] 郭庆光:《传播学教程》，中国人民大学出版社 1999 年版。

[11] 周洁红、钱峰燕:《食品安全管理问题研究与进展》，《农业经济问题》2004 年第 2 期。

[12] 王兆华、雷家骕:《主要发达国家食品安全监管体系研究》，《中国软科学》2004 年第 7 期。

[13] 李怀:《发达国家食品安全监管体制及其对我国的启示》，《东北财经大学学报》2005 年第 1 期。

[14] 邓青、易虹：《中国食品安全监管问题刍议——借鉴美国食品安全法的制度创新》，《企业经济》2005 年第 12 期。

[15] 王中亮：《食品安全监管体制的国际比较及其启示》，《上海经济研究》2007 年第 12 期。

[16] 颜海娜：《我国食品安全监管体制改革——基于整体政府理论的分析》，《学术研究》2010 年第 5 期。

[17] 张永建、刘宁、杨建华：《建立和完善我国食品安全保障体系研究》，《中国工业经济》2005 年第 2 期。

[18] 李长健、张锋：《社会性监管模式：中国食品安全监管模式研究》，《广西大学学报》2006 年第 10 期。

[19] 谭德凡：《我国食品安全监管模式的反思与重构》，《湘潭大学学报》2011 年第 5 期。

[20] 郑风田、胡文静：《从多头监管到一个部门说话：我国食品安全监管体制急待重塑》，《公共卫生》2005 年第 12 期。

[21] 韩忠伟、李玉基：《从分段监管转向行政权衡平监管——我国食品安全监管模式的构建》，《求索》2010 年第 6 期。

[22] 齐萌：《从威权管制到合作治理：我国食品安全监管模式之转型》，《河北法学》2013 年第 3 期。

[23] 蒋慧：《论我国食品安全监管的症结和出路》，《西北政法大学学报》2011 年第 6 期。

[24] 黄强、陶健：《国内外食品安全监管体系对比分析与建议》，《经济研究导刊》2012 年第 16 期。

[25] 顿文涛、赵玉成、崔如芳：《利用物联网技术构建食品安全管理体系》，《农业网络信息》2013 年第 7 期。

[26] 罗杰、任端平、杨云霞：《我国食品安全监管体制的缺陷与完善》，《食品科学》2006 年第 7 期。

[27] 张晓涛：《我国食品安全监管体制：现状、问题与对策——基于食品安全监管主体角度的分析》，《经济体制改革》2007 年第 1 期。

[28] 周应恒、王二朋：《中国食品安全监管：一个总体框架》，《改革》2013年第4期。
[29] 王志刚：《食品安全的认知和消费决定：关于天津市个体消费者的实证分析》，《中国农村经济》2003年第4期。
[30] 周应恒、霍丽玥、彭晓佳：《食品安全：消费者态度、购买意愿及信息的影响——对南京市超市消费者的调查分析》，《中国农村经济》2004年第11期。
[31] 王可山、郭英立、李秉龙：《北京市消费者质量安全畜产食品消费行为的实证研究》，《农业技术经济》2007年第3期。
[32] 何坪华、焦金芝、刘华楠：《消费者对重大食品安全事件信息的关注及其影响因素分析》，《农业技术经济》2007年第6期。
[33] 韩青、袁学国：《消费者生鲜食品的质量信息认知和安全消费行为分析》，《农业技术经济》2008年第5期。
[34] 马缨、赵延东：《北京公众对食品安全的满意程度及影响因素分析》，《北京社会科学》2009年第3期。
[35] 任燕、安玉发：《消费者食品安全信心及其影响因素研究——来自北京市农产品批发市场的调查分析》，《消费经济》2009年第4期。
[36] 全世文、曾寅初、刘媛媛等：《食品安全事件后的消费者购买行为恢复》，《农业技术经济》2011年第7期。
[37] 古川、安玉发：《食品安全信息披露的博弈分析》，《经济与管理研究》2012年第1期。
[38] 刘飞、李谭君：《食品安全治理中的国家、市场与消费者：基于协同治理的分析框架》，《浙江学刊》2013年第6期。
[39] 张耀钢、李功奎：《农户生产行为对农产品质量安全的影响分析》，《生产力研究》2004年第6期。
[40] 周应恒、霍丽玥：《食品安全经济学导入及其研究动态》，《现代经济探讨》2004年第8期。

[41] 岳中刚：《信息不对称、食品安全与监管制度设计》，《河北经贸大学学报》2006 年第 5 期。

[42] 王虎、李长健：《利益多元化语境下的食品安全规制研究——以利益博弈为视角》，《中国农业大学学报》2008 年第 9 期。

[43] 韩国良、李太平、应瑞瑶：《提高食品安全水平对生产者收入影响的理论分析》，《财政研究》2008 年第 8 期。

[44] 陈思、罗云波、江树人：《激励相容：我国食品安全监管的现实选择》，《中国农业大学学报》2010 年第 9 期。

[45] 吴凡：《科技发展视域下的食品安全责任问题》，《河北学刊》2010 年第 7 期。

[46] 孙敏：《基于企业失信成本视角的食品安全问题研究》，《浙江工业大学学报》2012 年第 1 期。

[47] 陈兵：《信息不对称、我国食品安全单一治理的困境与多位治理的选择》，《江汉论坛》2014 年第 9 期。

[48] 于荣、唐润、孟秀丽：《基于行为博弈的食品安全质量链主体合作机制研究》，《预测》2014 年第 6 期。

[49] 丹尼尔·F. 史普博：《管制与市场》，余晖等译，上海人民出版社 1999 年版。

[50] 夏英、宋伯生：《食品安全保障：从质量标准体系到供应链综合管理》，《农业经济问题》2001 年第 11 期。

[51] 冒乃、刘波：《中国和德国的食品安全法律体系比较研究》，《农业经济问题》2003 年第 10 期。

[52] 刘超、卢映西：《从农场到餐桌的保障》，《国际贸易问题》2004 年第 8 期。

[53] 宋伟、方琳瑜：《我国转基因食品安全立法的若干思考》，《科技管理研究》2006 年第 9 期。

[54] 张芳：《中国现代食品安全监管法律制度的发展与完善》，《政治与法律》2007 年第 5 期。

[55] 田禾：《论中国刑事法中的食品安全犯罪及其制裁》，《江海

学刊》2009 年第 6 期。
[56] 刘畅:《从警察权介入的实体法规制转向自主规制——日本食品安全规制改革及启示》,《求索》2010 年第 2 期。
[57] 廉恩臣:《欧盟食品安全法律体系评析》,《政法论丛》2010 年第 4 期。
[58] 解志勇、李培磊:《我国食品安全法律责任体系的重构——政治责任、道德责任的法治化》,《国家行政学院学报》2011 年第 4 期。
[59] 刘伟:《风险社会语境下我国危害食品安全犯罪刑事立法的转型》,《中国刑事法》2011 年第 11 期。
[60] 傅家荣、杨娜:《欧洲食品安全治理评析》,《南开大学学报》2008 年第 3 期。
[61] 戚亚梅:《欧洲食品安全预警系统建设及启示》,《世界农业》2006 年第 11 期。
[62] 唐晓纯:《食品安全预警体系评价指标设计》,《食品工业科技》2005 年第 11 期。
[63] 吕新业、王济民、吕向东:《我国粮食安全状况及预警系统研究》,《农业经济问题》2005 年第 12 期。
[64] 刘华楠、徐锋:《肉类食品安全信用评价指标体系与方法》,《统计与决策》2006 年第 5 期。
[65] 刘晓霞:《基于 HACCP 原理的危机预警机制构建》,《当代经济》2006 年第 12 期。
[66] 晏绍庆、康俊生、秦玉青:《国外食品安全信息预报预警系统的建设现状》,《现代食品科技》2007 年第 12 期。
[67] 胡中卫、齐羽、华淑芳:《国外食品安全风险认知研究与进展》,《安徽农业大学学报》2008 年第 3 期。
[68] 许建军、周若兰:《美国食品安全预警体系及其对我国的启示》,《世界标准化与质量管理》2008 年第 3 期。
[69] 唐晓纯:《多视角下的食品安全预警体系》,《中国软科学》

2008 年第 6 期。
[70] 齐徐俊：《食品安全事故的质量预警和处理机制问题研究》，《陕西农业科学》2009 年第 2 期。
[71] 章德宾、徐家鹏、许建军：《基于监测数据和 BP 神经网络的食品安全预警模型》，《农业工程学报》2010 年第 1 期。
[72] 陈骏、梁永明：《水产品安全危机后品牌建设问题研究》，《经济研究导刊》2011 年第 11 期。
[73] 顾小林、张大为、张可：《基于关联规则挖掘的食品安全信息预警模型》，《软科学》2011 年第 11 期。
[74] 陈小芳：《当前我国食品安全工作中存在的问题及对策建议》，《生产力研究》2012 年第 11 期。
[75] 白茹：《基于信号分析的食品安全预警研究》，《情报杂志》2014 年第 9 期。
[76] 陈佩蕾、孙继伟：《食品消费警示双向失控诱发的企业危机防范——基于分布式认知的探讨》，《管理学家》2012 年第 7 期。
[77] 肖宛凝、刘娅、刘羽欣：《吉林省食品安全风险监测预警系统构建》，《中国公共卫生》2014 年第 2 期。
[78] 宋宝娥：《基于集值统计和供应链的食品安全预警模型探析》，《统计与决策》2014 年第 12 期。
[79] 张红霞、安玉发：《企业食品安全危机事件的诱因、特征及应对》，《科技管理研究》2014 年第 17 期。
[80] 罗伯特·希斯：《危机管理》，王成等译，中信出版社 2000 年版。
[81] 薛澜、张强、钟开斌：《防范与重构：从 SARS 事件看转型期中国的危机管理》，《改革》2005 年第 4 期。
[82] 鲁津、栗雨楠：《形象修复理论在企业危机传播中的应用——以“双汇瘦肉精事件”为例》，《现代传播》2011 年第 9 期。
[83] 廖为建、李莉：《美国现代危机传播研究及其借鉴意义》，

《广州大学学报》2004 年第 8 期。
[84] 王想平、宫宇:《危机传播的舆论形态与引导策略》,《求实》2005 年第 2 期。
[85] 魏玖长、赵定涛:《危机信息的传播模式与影响因素研究》,《情报科学》2006 年第 12 期。
[86] 刘茜、王高:《国外企业危机管理理论研究综述》,《科学学研究》2006 年第 8 期。
[87] 李志宏、何济乐、吴鹏飞:《突发性公共危机信息传播模式的时段性特征及管理对策研究》,《图书情报工作》2007 年第 10 期。
[88] 王伟、靖继鹏:《公共危机信息传播的社会网络机制研究》,《情报科学》2007 年第 7 期。
[89] 史安斌:《危机传播研究的“西方范式”及其在中国语境下的“本土化”问题》,《国际新闻界》2008 年第 6 期。
[90] 匡文波:《论新媒体传播中的“蝴蝶效应”及其对策》,《国际新闻界》2009 年第 8 期。
[91] 田卉、柯惠新:《网络环境下的舆论形成模式及调控分析》,《现代传播》2010 年第 1 期。
[92] 鲁津、栗雨楠:《形象修复理论在企业危机传播中的应用——以“双汇瘦肉精事件”为例》,《现代传播》2011 年第 9 期。
[93] 汪臻真、褚建勋:《情境危机传播理论:危机传播研究的新视角》,《华东经济管理》2012 年第 1 期。
[94] 梁芷铭:《政府官方微博危机传播及其话语建构研究:以新浪微博“北京发布”为中心》,《新闻界》2014 年第 11 期。
[95] 大卫·伊斯利、乔恩·克莱因伯格:《网络、群体与市场》,李晓明、王卫红、杨韫利译,清华大学出版社 2011 年版。
[96] 斯科特:《社会网络分析法》,刘军译,重庆大学出版社 2007 年版。
[97] 闫幸、常亚平:《SNS 研究综述》,《情报杂志》2010 年第

11 期。
[98] 王文:《Web 2.0 时代的社交媒体与世界政治》,《外交评论》2011 年第 6 期。
[99] 蒋翠清、朱义生、丁勇:《基于 UGC 下的意见领袖发现研究》,《情报杂志》2011 年第 10 期。
[100] 金永生、王睿、陈祥兵:《企业微博营销效果和粉丝数量的短期互动模型》,《管理科学》2011 年第 8 期。
[101] 熊澄宇、张铮:《在线社交网络的社会属性》,《新闻大学》2012 年第 3 期。
[102] 彭兰:《记者微博:专业媒体与社会化媒体的碰撞》,《江淮论坛》2012 年第 2 期。
[103] 陈艳红、宗乾进、袁勤俭:《国外微博研究热点、趋势及研究方法:基于信息计量学的视角》,《国际新闻界》2013 年第 9 期。
[104] 王清华、朱岩、闻中:《新浪微博用户满意度对使用行为的影响研究》,《中国软科学》2013 年第 7 期。
[105] 张淑华:《新媒体语境下危机传播扩散的加速趋势透析——以新浪网两起"奶粉事件"专题报道的比较为例》,《中州学刊》2009 年第 5 期。
[106] 孟威:《从"英国骚乱"看新媒体的自由与监管》,《当代世界》2011 年第 9 期。
[107] 康伟、陈波:《公共危机管理领域中的社交网络分析——现状、问题与研究方向》,《公共管理学报》2013 年第 10 期。
[108] 薛可、王丽丽、余明阳:《自然灾害报道中传统媒体与社会媒体信任度对比研究》,《上海交通大学学报》2014 年第 4 期。
[109] 陈力丹、廖金英:《2013 年中国新闻传播学研究的十个新鲜话题》,《当代传播》2014 年第 1 期。
[110] 史波、翟娜娜、毛鸿影:《食品安全危机中社交媒体信息策

略对受众态度的影响研究》，《情报杂志》2014 年第 10 期。
[111] 周庆安：《新媒体环境下危机对外传播的困境与策略》，《对外传播》2014 年第 6 期。
[112] 聂崇信、朱秀贤译：《论民主》，商务印书馆 1998 年版。
[113] 许敏、张雅勤、胡烽：《完善危机信息沟通机制的路径分析》，《兰州学刊》2006 年第 2 期。
[114] 俞可平：《治理与善治》，社会科学文献出版社 2000 年版。
[115] 任维德：《公共治理：内涵　基础　途径》，《内蒙古大学学报》2004 年第 1 期。
[116] 朱德米：《网络状公共治理：合作与共治》，《华中师范大学学报》2004 年第 3 期。
[117] 秦利、王青松：《公共治理理论：食品安全治理的新视角》，《长春工程学院学报》2008 年第 9 期。
[118] 高玮：《公共治理理论视角下的食品安全监管体制研究》，硕士学位论文，湖南大学，2010 年。
[119] 吴淼：《激励不相容与农产品质量安全公共治理困境》，《华中科技大学学报》2011 年第 4 期。
[120] 陶希东：《跨界治理：中国社会公共治理的战略选择》，《学术月刊》2011 年第 8 期。
[121] 李建军：《关于转基因水稻商业化辩论——相关的伦理与公共治理问题》，《科学学研究》2012 年第 8 期。
[122] 陈剩勇、于兰兰：《网络化治理：一种新的公共治理模式》，《政治学研究》2012 年第 2 期。
[123] 彭剑：《社会化媒体舆论引导的基本策略》，《新闻与写作》2014 年第 10 期。
[124] Wang, Y. C., Fesenmaier, R. D., "Towards understanding members' general participationin and active contribution to an on-line travel community", *Journal of Tourism Management*, Vol. 25, No. 6, December 2004.

[125] Boyle M. P. , M. Schmierbach, et al. , "Information seeking and emotional reactionsto the September 11 terrorist attacks", *Journal of Journalism & Mass Communication Quarterly*, Vol. 81, No. 1, March 2004.

[126] Jan H . Kietzmanntal, Hermkens K. , Mccarthy I. P. , et al. , "Social Media? Get Serious! Understanding the Functional Building Blocks of Social Media", *Journal of Business Horizons*, Vol. 54, No. 3, May - June 2011.

[127] Procopio C. H. and S. T. Procopio, "Do you know what it means to miss New Orleans? Internet communication, geographic community, and social capital in crisis", *Journal of Applied Communication Research*, Vol. 35, No. 1, January 2007.

[128] Stephens K. K. and P. C. Malone, "If the organizations won't give us information. . . : the use of multiple new media for crisis technical translation and dialogue", *Journal of Public Relations Research*, Vol. 21, No. 2, April 2009.

[129] Mills A. and R. Chen, et al. , "Web 2. 0 emergency applications: how useful can twitter be for emergency response", *Journal of Information Privacy & Security*, Vol. 5, No. 3, September 2009.

[130] Zhang Y. , Wu Y. , Yang Q. , "Community discovery in twitter based on user Interests", *Journal of Computational Information Systems*, Vol. 8, No. 3, March 2009.

[131] Kavanaugh A. L. and E. A. Fox, et al. , "Social media use by government: From the routine to the critical", *Journal of Government Information*, Vol. 29, No. 4, October 2012.

[132] Garcia Martinez Marian, Fearne Andrew, Caswell Julie A, et al. , "Co - regulation as a possible model for food safety governance: opportunities for public - private partnerships", *Journal of Food Policy*, Vol. 32, No. 3, June 2007.

[133] Dreyer Marion, Renn Ortwin, Cope Shannon, et al. , "Including social impact assessment in food satety governance", *Journal of Food Control*, Vol. 21, No. 12, December 2010.

[134] Robin Dillaway, Kent D. Messer, John C. Bernard, et al. , "Do consumer responses to media food sadety information last", *Journal of Applied Economic Perspectives and Policy*, Vol. 33, No. 3, September 2011.

[135] Finardi Corrado, Pellegrini Giuseppe, "Rowe Gene. Food safety issues: from enlightened elitism towards deliberative democracy? An overview of EFSA's 'public consultation' insrtument", *Journal of Food Policy*, Vol. 37, No. 4, August 2012.

[136] Rouviere Elodie, Caswell Julie A. , "From punishment to prevention: A french case study of the introduction of co - regulation in enforcing", *Journal of Food Policy*, Vol. 37, No. 3, June 2012.

[137] J. J. Hopfield, "Neural network and physical systems with emergent collective computational abilities", *Journal of Proceedings of the National Academy of Sciences of the United Stataes of America*, Vol. 79, No. 8, April 1982.

[138] Pearson, C. M. & Clair, J. A. , "Reframing crisis management", *Journal of Academy of Management Review*, Vol. 23, No. 1, January 1998.

[139] Kaplan Andreas M. , Michael Haenlein, "Users of the world, unite! The challenges and opportunities of Social Media", *Journal of Business Horizons*, Vol. 53, No. 1, February 2010.

[140] Stanley Milgram, "The small - world problem", *Journal of Psychology Today*, Vol. 53, No. 1, May 1967.

[141] Duncan J. Watts, Steven H. Strogatz, "Collective dynamics of 'small - world' networks", *Journal of Nature*, Vol. 393, No. 6684, June 1998.

[142] Barabasi A. L. , Albert R. , "Emergence of scaling in random networks", *Journal of Science*, Vol. 286, No. 5439, December 1999.

[143] Antle, J. M. , "No Such Thing as a Free Safe Lunch: The cost of food safety regulation in the meat industry", *Journal of American Journal of Agricultural Economics*, Vol. 82, No. 2, May 2000.

[144] Antle, J. M. , "Efficient food safety regulation in the food manufacturing sector", *Journal of American Journal of Agricultural Economics*, Vol. 78, No. 12, December 1996.

[145] Garcia Martinez M. , Fearne A. , Caswell J. A. , et al. , "Coregulation as a possible model for food safety governance: opportunities for public - private partnerships", *Journal of Food Policy*, Vol. 32, No. 3, June 2007.

[146] Nelson P. , "Information and consumer behavior", *Journal of Political Economy*, Vol. 78, No. 2, March 1970.

[147] Viscusi, w. kip, W. A. Magat, J. Huber, "Informational regulation of consumer health risks: an empirical evaluation of hazard warnings", *Journal of Rand Journal of Economics*, Vol. 17, No. 3, Autumn1986.

[148] Eom, Y. S. , "Pesticide risk and food safety valuation: A random utility approach", *Journal of Agricultural Economics*, Vol. 76, No. 4, November 1994.

[149] Fu T. T. , Liu J. T. , Hammitt J. K. , "Consumer willingness to pay for low - pesticide fresh produce in TaiWan", *Journal of Agricultural Economics*, Vol. 50, No. 2, May 1999.

[150] Dosman D. M. , Adamowicz W. L. , and Hrudey S. E. , "Socioeconomic determinants of health and food safety related risk perceptions", *Journal of Risk Analysis*, Vol. 21, No. 2, April 2001.

[151] Nicholas E. Piggott and Thomas L. Marsh, "Does food safety infor-

mation impact U. S. meat demand?", *Journal of Agricultural Economics*, Vol. 86, No. 1, February 2004.

[152] Grossman S. J., "The information role of warranties and private disclosure about product quality", *Journal of Law and Economics*, Vol. 24, No. 3, December 1981.

[153] Shapiro C., "Premiums for high quality products as returns to reputations", *Journal of Economics*, Vol. 98, No. 4, November 1983.

[154] Caswell J. A., "Valuing the benefits and costs of improved food safety and nutrition", *Journal of Agricultural and Resource Economics*, Vol. 42, No. 4, November 1998.

[155] Shavell, Steven, "The design of contracts and remedies for breach", *Journal of Economics*, Vol. 99, No. 1, February 1984.

[156] Mc Guire J. B., Sundgeen A., Sclmeeweis T., "Corporate social responsibility and firm financial performance", *Journal of Academy of Management*, Vol. 31, No. 4, December 1988.

[157] Henson, Spencer and Julie Caswell, "Food safety regulation: An overview of contemporary issues", *Journal of Food Policy*, Vol. 24, No. 6, December 1989.

[158] Danielle C. Perry, Maureen Taylor, Marya L. Doerfel, "Internet - based communication in crisis management", *Journal of Management Communication Quarterly*, Vol. 17, No. 2, November 2003.

[159] Shirley M. Rosemary, "How the Food and Drug Administration evaluates, communicates, and manages drug benefit/risk", *Journal of Allergy and Clinical Immunology*, Vol. 17, No. 1, January 2006.

[160] Berrueta L. A., Alonso - Salces R. M., Heberger K., "Supervised pattern recognition in food analysis", *Journal of Chromatography*A, Vol. 1158, No. 1, August 2007.

[161] Benoit William, "Image Repair Discourse and Crisis Communication", *Journal of Public Relations Review*, Vol. 23, No. 2, Summer 1997.

[162] Marcelo Kuperman, Guilermo Abramson, "Small world effect in an epidemiological model", *Journal of Physical Review Letters*, Vol. 86, No. 13, March 2001.